JN056949

数学の文化と進化

—精神の帰郷—

高瀬正仁 著

現代数学社

まえがき

本書は現代数学社の月刊数学誌『理系への数学』と『現代数学』の巻末に，「精神の帰郷」という通し表題で連載したエッセイの記録です．「おぎわらゆうへい」というペンネームを考案し，一番はじめのエッセイ「ツェルメロの選択公理」は『理系への数学』の2013年3月号に掲載されました．『理系への数学』はこの号を最後に誌名が変り，翌月から創刊された当時の『現代数学』にもどりました．第2回目のエッセイ「100年目のリーマン面」は『現代数学』の2013年4月号に掲載され，それからはずっと『現代数学』で，月に一度，念頭に浮ぶままに題材を選んで書き綴っています．2019年7月号に「アイゼンシュタインの楕円関数論」を書いたところで第77回目になり，ここまでをまとめて単行本の形にすることになりましたので，あらためて全体を読み返しました．数学史上の諸事実を再確認し，誤りを正し，多少のことを書き加えるなどの作業を重ね，取り上げたテーマに沿って編集して，次のように大きく五つの部門に区分けしました．

- I　解析学より
- II　数の理論と代数方程式論
- III　数学と数学者を語る
- IV　数学史と数学史論
- V　日本の近代数学

連載は2020年の今も続いています．ペンネームの「おぎわらゆうへい」は郷里の地名から採りました．郷里は群馬県の山村勢多郡東村（現在のみどり市）．生家の所在地の大字名は荻原（おぎわら）です．「ゆうへい」は命名にあたって候補に挙がった「悠平」．組合わせてペンネームができました．

「精神の帰郷」という書名はヨハネス・ホフマイスターの著作『精神の帰郷 〜ゲーテ時代の文芸と哲学の研究』(ミネルヴァ書房，久保田勉訳，1985 年 4 月 30 日発行）に借りました．原書名は

Die Heimkehr des Geistes Studien zur Dichtung und Philosophie der Goethezeit

というのです．1946 年に刊行されました．1946 年といえば第 2 次大戦が終結した直後のことで，この本の成立の背景にはドイツの敗戦という惨禍が広がっています．著者のホフマイスターはヘーゲル全集の編纂者として知られている人で，1942 年から 1944 年までドイツ軍占領下のパリのソルボンヌ大学でドイツ文学を講じていましたが，ドイツの敗戦を受けて米軍が管理する北西フランスの捕虜収容所に移り，1945 年の夏までここですごしました．この間，1944 年 11 月から翌年 6 月にかけて，収容されたドイツ人兵士たち，「この暗澹たる歳月からその意味を汲みとろうとした同胞諸君」(ホフマイスターの言葉．久保田勉訳．以下も同じ）に語り続けました．その連続講話の記録が『精神の帰郷』です．

巻頭に附されている序文からホフマイスターの言葉を引きたいと思います．

> 講話は，ドイツ国民が長いあいだ我が行く道を逸脱してきたという洞察に基づいている．およそ三十年このかた，ドイツ国民はその本来の魂に背を向けてきたのであった．国民の健全にして活気に満ちた諸力はすべて，その根源から無理強いに奪われてしまっていた．胸奥から出てくる戒告の声に耳をふさぎ，ドイツ国民は一九一四年第一次世界大戦の禍中に陥入ってしまい，着のみ着のまま，気息奄々たる命脈をかろうじて保っ

てきたのである．

ここでホフマイスターは詩人ハンス・カロッサのひとつの言葉を引きました．その言葉というのは，

> 精神はおのが棲家の外にありて
> わが家への道を見出しはすまじ

というのです．ホフマイスターはこの断片に「ドイツ的生命の類いなく悲しき惨禍」の由来を見ています．

> ドイツ国民は魂の棲家に思いをはせ，魂の祖先(みおや)の国にいま一度根をおろそうと精(いそ)しみ励んではきた．真の実在と生成の理法を，いま一度見つけ出そうとしたのであった．しかし，見出せなかった．故郷への道をたどらなかったのである．国民の魂は屋外に留まったまま，故郷なき放浪の子となり果てたのである．しかもこのいまわしい悲運と，茫然自失して為すところを知らぬ絶望の中で，国民はその残余の力を間然するところなく無理無態に外に向ってしぼり出し，狂ほしく蔓延していく欲望と勢力拡張の犠牲に供するという無謀を犯したのである．

ホフマイスターはドイツの悲劇をこんなふうに顧みて，「われわれは故郷に帰らねばならない」ときっぱりと宣言しました．ドイツの国民が帰るべき精神の故郷．それがゲーテの時代の文芸と哲学の世界です．本文で取り上げられたのはマイスター・エックハルト，イマヌエル・カント，シラー，ゲーテ，ヘルダーリン，ヘーゲルの６人です．エックハルトはドイツ神秘主義を誘う役割を担った中世ドイツの宗教者です．ゲーテの時代の人ではありませんが，ホフマイスターは精神の故郷のそのまた淵源をエックハルトにおいて見ようとしています．

40 年の昔,『精神の帰郷』を一読して深い感銘を受けたときのことがことがなつかしく思い出されます. ゲーテの時代に帰り, 往時の文芸と哲学を回想しようではないかというホフマイスターの呼びかけは, ガウスの時代の数学を回想しようではないかという声になって耳朶に響きました. 数学の世界で類比をたどるなら, エックハルトに相当する数学者として指を屈するべき人物はオイラーを措いてほかにありません. ゲーテに対応するのはガウスのようですし, ヘルダーリンはアーベル, シラーはヤコビ, ヘーゲルはまるでクロネッカーのようでした. この鮮明な印象に誘われて, 連載コラムの通し表題を「精神の帰郷」とした次第です.

17 世紀のデカルトとフェルマの時代に始まる西欧近代の数学は, 19 世紀を迎えて異様な高みに達しました. 19 世紀の後半期には日本の数学者たちとの交流も始まっています. 本書はこの歴史の道を自由に散策する小さな試みです. ここかしこに散りばめれている心惹かれるエピソードの採集に勤めましたが, 歴史は深く, どれほど丹念に拾っても尽きることはありません. 観察を継続し, 本書を第 1 巻として, 続刊, 続々巻, … の実現をめざしたいと念願しています.

2020 年 4 月 18 日

高瀬正仁

目　次

I. 解析学より ………… 1

ツェルメロの選択公理 2／デカルトの法線法とフェルマの接線法 4／逆接線法から積分法へ 6／求積線と原始関数 8／逆接線法と微分方程式 10／オイラーが作る微分方程式 12／微分方程式を微分して解く 14／見ただけで解ける微分方程式 16／オイラーの微分方程式とデカルトの葉 18／直線の連続性と実数の連続性 20／ラグランジュの解析関数 22／関数とは何か 24／連続関数の微分可能性 26／原始関数と不定積分 28／連続曲線と連続関数 30／代数関数とアーベル積分 32／絶望を越えて—ヤコビの言葉 34／100 年目のリーマン面 36／上空移行の原理から不定域イデアルへ 38

II. 数の理論と代数方程式論 ………… 41

直角三角形の基本定理 42／メルセンヌ数と完全数の根 44／素数の作り方—フェルマ数とフェルマ素数 46／不定方程式の解法はなぜ数論でありうるか 48／ペルの方程式の魅力 50／なぜ5次方程式を解かねばならないか 52／ガウスの代数方程式論 54／等式から合同式へ 56／原始根の神秘 58／初等整数論とは何か 60／ガウスによる平方剰余相互法則の証明の数え方 62／平方剰余の理論との別れ 64／アリトメチカの舞台は拡大する —ガウスの決意 66／超越数は存在するか 68／デデキントの代数的整数論（その 1）70／デデキントの代数的整数論（その 2）72／抽象と具象の分れ —ルジャンドルが書いた相互法則 74／第1補充法則再考 76／特異モジュールに寄せる—アーベルからクロネッカーへ 78／代数的数体の理論の造型—ヒルベルトの『数論報告』より 80／熱く数論を語る—ヒルベルトの言葉 82／類体の理論に向う 84／アイゼンシュタインの楕円関数論 86

III. 数学と数学者を語る ······ 89

クレルレの友情 90／ニコラウス・フスとハインリッヒ・フス 92／カナリアのように歌う 94／ディリクレの就職活動 96／ヴァイエルシュトラスとアーベルの手紙 98／ヒルベルトの遍歴とクロネッカーとの対話 100／アーサー・ケイリーの行列の代数関数論の夢 102／デカルトとアンドレ・ヴェイユ 104／春を待つこころ——岡潔先生没後 40 年 106

IV. 数学史と数学史論 ······ 109

曲がっているものは曲がっていない 110／ゼロより大きくもなく，ゼロより小さくもなく，ゼロに等しくもない 112／y 軸は必要か 114／「パリの論文」の行方 116／「アーベルの定理」という呼称の由来 118／定義が次第に變つて行くのは，それが研究の姿である 120／アーベル方程式は変遷する 122／集合論はどこがおもしろいか 124／ガウスのようにはじめよ 126／過渡期の数学 128／ポアンカレの言葉—論理と直観 130／抽象と古典—谷山豊の言葉 132／数学的実体とは何か —谷山豊の書簡より 134／「理論」の壁を越える 136／ローラン・シュヴァルツの回想より——ヴェイユとブルバキを語る 138／岡潔先生の幻の代数関数論 140

V. 日本の近代数学 ······ 143

岩田好算と寺尾壽 144／和算史研究のはじまり 146／和なりや洋なりや 148／木の葉文典 150／コニク・セクションス 152／関口開の上京と帰郷 154／明治 35 年の高等学校入試問題より 156／藤澤利喜太郎の生地と生誕日の謎 158／河合十太郎先生の洋行 160／新数学人集団の時代 162

I. 解析学より

DISCOURS
DE LA METHODE
LA DIOPTRIQVE.
LES METEORES.
ET
LA GEOMETRIE.

1. ツェルメロの選択公理

草創期の東京大学の数学教授は初代から順に菊地大麓，藤澤利喜太郎，高木貞治と続き，四人目は高木の友人の吉江琢兒という人でした．吉江の生地は山形県上山（かみのやま）ですが，父の転勤に伴って小学校は東京，中学は広島と移動を重ねました．広島尋常中学校から京都の第三高等中学校に進み，ここで高木と同期になりました．大学も高木といっしょです．卒業後，二人とも相次いで洋行し，帰朝してそろって東大教授になりました．高木は第三講座（代数学），吉江は第四講座（解析学）を担当し，それから一貫して東大に籍を置き，高木とともに戦前の日本の数学界を支える二本の柱であり続けました．

吉江は明治 32 年から 35 年までの足かけ 4 年にわたってドイツに滞在し，ベルリンとゲッチンゲンの大学で西欧近代の数学を学びました．理想を追い求める心（ロマンチシズム）が横溢し，400 年の近代数学史を通じて最高の高みに達した時代でした．

帰朝して 40 年あまりがすぎたころ，吉江は「考へ方研究社」の数学誌『高数研究』第 7 巻，第 12 号（昭和 18 年 9 月 1 日発行）に「数学懐旧談」を寄せ，往時のゲッチンゲン大学の数学研究の光景を生き生きと回想しました．ドイツの大学にはゼミナールというものがあり，ドイツの学問の偉いのはゼミナールのためと言われているとのこと．ゲッチンゲン大学の数学研究の中心人物はクラインとヒルベルト．クラインは 10 題ほど問題をもってきて，一問に二，三人ずつ希望者を募って問題を割り振り，第一番目の問題は何月何日に報告せよ，第二の問題は何月何日に報告せよと指示を出しました．期日の一週間ほど前になると，クラインは担当する組を自宅に呼び，何をやってきたかと尋ねます．

そこで，調べたことを提出すると，クラインはそれを見て，ここはいけないと注意し，このようにせよと改定案を示すのでした．

ゼミナールとは別に，クラインが主宰する談話会というのもあり，こちらは参加できるのは学位をもっているドクトルだけでした．毎週火曜日の午後5時から小さい部屋で開催されました．参加者はみな新しい自分の研究を発表するのですが，クラインは例外で，新刊書の紹介をしました．談話会はいわば研究者たちのゼミナールです．

談話会の参加者の中にツェルメロという講師がいました．1871年にベルリンで生まれた人で，後年の著名な数理論理学者ですが，1900年当時は29歳．クネーザーの変分法のテキストが刊行されたので，一週間で読んで来週報告するようにとクラインが指示を出しました．ツェルメロは一週間では読めませんと断ったものの，いくら言ってもどうしてもやれと言い張られるばかりというありさまでした．

そのツェルメロがある日の談話会で「集合は順序づけられる」ということ（ツェルメロの整列可能定理）の証明を得たと報告したところ，聴いているみなが批評して，あそこはいかん，ここはいかんと言い合う事態になりました．これを受けてツェルメロが考え直して次回また発表すると，それでもまだいけないと言われました．どこがいけないかというと，何となくいけないところがあるとのこと．そんなふうにしてみなで話し合った末に，今日ツェルメロの選択公理と言われている事柄を暗々裡に使っているということになり，そこではじめて選択公理の必要性が判明しました．「ツェルメロの公理」と言ってはいるが，結局のところみなが苦労したあげく，そこに落ち着いたのだというのが吉江の回想です．ドイツの大学の草創期にヤコビが始めたゼミナールという修業形式に，吉江は100年の後に遭遇したのでした．

2. デカルトの法線法とフェルマの接線法

西欧近代400年の数学の黎明期に目をやると，二つの源泉が目に留まります．ひとつの泉はデカルト，もうひとつの泉はフェルマです．デカルトは1596年3月31日，フランス王国トゥレーヌ州の町ラ・エーに生れました．フェルマの生誕日は従来1601年8月17日ということになっていたのですが，最近，ドイツのカッセル大学のクラウス・バーナーにより，実は1607年の10月31日から12月6日にかけてであろうという新説が提示されました．この説を採るとデカルトのほうが10年余の年長になりますが，まずまず同時代です．

デカルトとフェルマは実際に会ったことはありませんが，メルセンヌという，デカルトと同じラフレーシュ学院に学んだ人物を中心にして，学問に心を寄せるヨーロッパの人びとのネットワークが形成されつつありましたので，メルセンヌを介して互いに認識し，とうていおだやかとは言えない学問上の対立が起りました．屈折光学や接線法の場で関心が共有されていたこともあり，考え方の相違が際立つ場面が多かったのです．

デカルトの著作『方法序説』が刊行されたのは1637年のことでした．この作品は「序説」と三つの試論で編成されています．試論というのは気象学，屈折光学，それに幾何学です．

1637年10月5日付のデカルトからメルセンヌへの手紙は，「フェルマ氏の手紙を大変うれしく拝見しました」(『デカルト全書簡集』第2巻，知泉書館．以下同様）と説き起こされて，「氏が私の論証に欠陥を見つけたというのは妄想でしかなく，それは氏が私の論文をただ斜めに読んでいただけであることを十分に示すものです」と続きます．メルセンヌがデカルトの『屈折光学』をフェルマのもとに送付したところ，1637年4月または5月ころ返信があり，「(デカルトの所論の）基礎には証明が欠けているのと同様に，真理も欠けていることを恐れます」というふうに，全面的に否定しようとするかのような手厳しい批判が長々と書き連ねられていました．デカルトはその手紙をメルセンヌから受け取って，反論したのでした．

フェルマには極値問題と接線法を論じる「極大と極小の探究法」という著述がありますが，メルセンヌから送付されて一読したデカルトは，1638 年 1 月の手紙で反批判を繰り広げました．

「私は，本当はそれについては一切何も言いたくありません．何を言おうとその著者に対して不利になるからです．」「彼はその著述を私の『幾何学』を読んだ後に送付したのですが，私がそこで彼と同じことを見いだしていなかったことに驚いているとか．つまり彼は私に挑戦し，この問題に関しては私よりも認識があることを示そうとしています．」

デカルトはこんなふうに激しい言葉を綴り，フェルマによるパラボラの接線法を「明らかな誤り」と断定するのでした．ライプニッツとニュートンの間の微積分の創造の先取権争いは近代数学史の大きな話題ですが，デカルトとフェルマの対立も興味が深く，史的関心を誘われます．

デカルトは「思索することを思索する人」で，幾何学に受け入れるべき曲線とは何かと問うて「代数曲線」の範疇を切り取り，今日の代数幾何学への道を開きましたが，代数曲線に限定される独自の法線法だけでは微積分は生れません．フェルマには形而上的思索への関心は見られませんが，卓越した技巧家で，今日の微分法にも紛う不思議な接線法を考案しました．厳しく対峙する思想と技巧が融合してライプニッツの微積分が生れました．数学的創造の現場はさながら一曲のソナタのようで，感慨もまた新たです．

3. 逆接線法から積分法へ

今日の微積分がライプニッツの1684年10月の論文「分数量にも無理量にもさまたげられることのない極大・極小ならびに接線を求めるための新しい方法，およびそれらのための特異な計算法」と1686年7月の論文「深い場所に秘められた幾何学，および不可分量と無限の解析について」とともに始まることは広く知られています．どちらもライプチヒの月刊学術誌『学術論叢（アクタ・エルディトールム）』に掲載されました．前者は微分法，後者は積分法の泉です．不思議なことにライプニッツは「微分」に相当する「差（differentia）」という言葉は用いましたが，「積分」に該当する言葉は見あたりません．1686年の論文で実際に語られたのは「逆接線法」で，微分計算を接線法と見て，その逆演算の確立をめざそうとするところに主眼が注がれていたのでした．では，それなら「積分」という言葉をはじめて提案したのはだれなのでしょうか．この疑問に答える鍵は等時曲線の探究にひそんでいます．

ライプニッツが微積分の手法を提案する前に，ホイヘンスはすでにサイクロイドの等時性を認識していましたが，等時曲線にもいろいろな種類があります．1689年4月の『学術論叢』に掲載されたライプニッツの論文を見ると，ライプニッツはホイヘンスの名を挙げて等時曲線を論じた後に，「もうひとつの等時曲線」を語りました．それは「質点がその曲線に沿って降下するとき，与えられた一点から出発して水平線から一様に遠ざかるか，あるいは水平線に向って一様に近づいていく」という性質を備えた曲線で，遠ざかったり近づいたりする様子が「一様に」というのは，与えられた点からの距離が時間に比例するということを意味しています．ヨハン・ベルヌーイはこれを側心等時曲線と呼びました．

ヨハンは兄のヤコブとともにライプニッツの2篇の論文に深

い関心を示し，微積分の創造に携わった人物で，パリにおもむいてロピタル公爵を相手にして微積分の講義を行いました．積分法の講義録がヨハンの全集（全 4 巻）の第 3 巻に収録されていて，その表紙には「1691，1692」と成立年が明記されています．ここで使われている Integrales という言葉の邦訳語が「積分」です．第 34 章に側心等時曲線の一語が現れて，満たすべき微分方程式$(xdx+ydy)\sqrt{y}=(xdy-ydx)\sqrt{a}$（$a$は定数）が書き下されました．探索する曲線を求めるのにまずはじめにその曲線が満たす微分方程式を探索して，その後に逆接線法により曲線の方程式を求めようとするのが黎明の微積分の姿ですが，これはまたいかにもむずかしい方程式に逢着してしまいました．ここから先の経緯を略記すると，ヤコブはヨハンの発見を受けて，ヨハンの微分方程式は変数変換 $y=\dfrac{tz}{a}$，$x=\dfrac{t\sqrt{a^2-z^2}}{a}$ により変数が分離されて $\dfrac{dr}{\sqrt{ar}}=\dfrac{adz}{\sqrt{az(a^2-z^2)}}$ という形になること（1694 年 6 月），$z=\dfrac{u^2}{a}$ と変数を変換すると右辺の微分式は $\dfrac{2adu}{\sqrt{a^4-u^4}}$ となること（同），この新たな微分式はレムニスケート曲線 $x^2+y^2=a\sqrt{x^2-y^2}$ の線素であること（1694 年 9 月）を次々と明るみに出しました．ヤコブは微分方程式を解こうとして工夫を重ねています．

こうしてみると「積分」の一語の最古の使用例はヨハンの講義録にあるように見えますが，ここにもうひとつ，1690 年 5 月の「学術論叢」誌のヤコブの論文が目に留まります．テーマはやはり等時曲線です．細かい文字を追っていくと途中に微分方程式 $dy\sqrt{b^2y-a^3}=dx\sqrt{a^3}$ が現れて，「これらの Integralia は等置される」という言葉とともに，両辺の微分式の Integralia が等号で結ばれて等式 $\dfrac{2b^2y-2a^3}{3b^2}\sqrt{b^2y-a^3}=x\sqrt{a^3}$ が書き留められています．ここにはすでに Integralia（積分）の一語が現われています．逆接線法はこうして「積分法」に座を譲りました．

4. 求積線と原始関数

「微分積分学の基本定理」は今日の微分積分学の根幹に位置する基本中の基本の定理で，被積分関数の原始関数を用いる定積分の計算が可能なのもこの定理のおかげです．微分法と積分法が別々に構成され，その後に両者を比較する場面において「微分積分学の基本定理」が出現します．本来まったく無関係な二つの理論の間に橋が架かるというのですから意外性があり，驚きもまた格別です．

微分法の淵源は「曲線に接線を引きたいと思う心」です．デカルトは『方法序説』に附された三つの試論のひとつ『幾何学』において，代数曲線を対象とする幾何学的曲線論を展開しましたが，この理論の鍵をにぎるのは法線法でした（デカルトが考案した代数的方法の特性に起因して法線法になりましたが，実質的に接線法と同じです）．デカルトと同時代のフェルマも，デカルトのものとはまったく異質の接線法を手にしていました．このような数学的状況を受けて微分計算の手法を提案し，超越曲線をも視野におさめる「万能の接線法」を確立したのがライプニッツです．

積分法の淵源としてしばしば語られるのは求積法で，求積法というと曲線で囲まれた領域の面積を求めたり，曲線の弧長や曲面の表面積の算出をめざす方法が念頭に浮かびます．古代ギリシアのアルキメデスによる放物線の求積や，西欧近代の数学におけるサイクロイドの求積や求長，あるいはまたヴィヴィアニの穹面の求積など，ライプニッツ以前に生起したあれこれのことが次々と回想されて，さながら今日の積分法の前史のような感じを受けますが，「微分積分学の基本定理」の淵源の探究という観点から見ると，これだけではなお謎が残ります．なぜなら，「接線を引くこと」（微分法）と「面積や弧長を求めること」（積分法）との間には，いかなる内的関連も感知されないからです．

接線法と求積法が互いに他の逆演算でありうることが認識されるためには，両者が出会う共通の場が開かれていなければなりません．ライプニッツはその場所を「曲線の理論」の中に発見しました．ライプニッツは 1686 年の論文「深い場所に秘められた幾何学，および不可分量と無限の解析について」において，「不定求積やその不可能性を調べる方法は，私にとっては，私が逆接線法と呼ぶ場合でしかない」(『ライプニッツ著作集 2』工作舎）という言葉を書き留めました．ここで表明されたのは，「求積法は逆接線法の一角を占める」という所見ですが，味わいの深いことでは西欧近代の全数学史の中でも屈指の発言です．

逆接線法は微分計算の逆向きの計算で，接線に関する諸情報に基づいて曲線の全体像を復元する道筋を教えています．これだけでは求積法との関連は見られませんが，微分計算を適用して面積や弧長の無限小部分，すなわち面素や線素を求めると $f(x)dx$ という形の式が現れます． そこでこの無限小量を $dy=f(x)dx$ と置くと，さながら何らかの曲線の接線の方程式であるかのようで，目に見えない曲線が背後に控えているかのような感じがあります．そのいわば「仮象の曲線」を，ライプニッツは求積線と呼びました．

接線の方程式 $dy=f(x)dx$ に逆接線法を適用すれば求積線の方程式が手に入り，それを用いると積分値，すなわち面積や弧長の数値が求められます．「仮象の曲線」という，今日の微積分における「原始関数」の原型は，その存在を確信するライプニッツの心に宿っていたのでした．

5. 逆接線法と微分方程式

ライプニッツが確立した逆接線法は，曲線の接線に関する情報に基づいて曲線の全容を復元する方法を教えています．最初期に現れた逆接線問題の具体例はフロリモン・ドゥボーヌが提示した「ドゥボーヌの問題」でした．逆接線法はライプニッツの1686年の論文「深い場所に秘められた幾何学，および不可分量と無限の解析について」のテーマですが，ライプニッツはなぜかそれに先立って1684年の論文「分数量にも無理量にも適用される，極大と極小および接線に対する新しい方法．ならびにそれらのための特殊な計算法」の末尾で「ドゥボーヌの問題」を取り上げて，解答を示しました．ライプニッツに先立って，デカルトは解決を試みてドゥボーヌに手紙を書き，苦心の思索の足跡を伝えたりしていますが，完全に解くことはついにできませんでした．その書簡の日付は1639年2月20日．1637年に『方法序説』が刊行されてから遠いとは言えないころの出来事です．

「ドゥボーヌの問題」というのは，曲線上の点Wにおいて引いた接線と軸の交点をCとし，Wから軸に降ろした垂線の足をXとするとき，線分XCの長さがつねに定量aに等しいという条件を課し，そのような性質をもつ曲線の全容を描くことを要請する問題です．

軸の始点Aを設定し，$AX = x$, $WX = y$と置くと，WCは接線ですから比例式$dx : dy = a : y$が成立します．これは変数分離型の微分方程式$\dfrac{dx}{a} = \dfrac{dy}{y}$ですから，両辺を積分すると，$y = Ce^{\frac{x}{a}}$（$C$は定量）という形の方程式が得られて，求める曲線は指数曲線であることがわかります．指数曲線は対数曲線と同じです．

デカルトを悩まして，ライプニッツの逆接線法によってようやく解決することができたほどの難問でしたが，今日の目には変数分離型微分方程式の簡単な練習問題のように映じます．

ところが，ライプニッツの次の時代のオイラーはまったく別の視点から微分方程式を見ていました．オイラーの解析学三部作のひとつに『積分計算教程』があり，全３巻の大著作です．オイラーのいう積分法というのはコーシーの微積分のように定積分の定義や計算法を意味するのではなく，微分方程式の解き方を指す言葉であり，階数１の常微分方程式，高階常微分方程式，階数１の偏微分方程式，高階偏微分方程式と，すみずみまで微分方程式で覆われています．

『積分計算教程』の第１巻の巻頭に「序文」が配置され，その冒頭に「定義１」が出ています．オイラーは，「積分計算というのは，いくつかの変化量の微分の間の与えられた関係から，それらの量の関係を見つけ出す方法のことである」と明言し，これを達成する手順を指して「積分」と呼ぶと言い添えました．「いくつかの変化量の微分の間の関係」というのは微分方程式のことで，「それらの量の関係」というのが微分方程式の解のことにほかなりません．変化量が微分され，微分方程式が積分されるのが，オイラーの無限解析の世界です．

オイラーの言葉は微分計算との関係に及びます．いくつかの変化量を連繫する何らかの関係が与えられたとき，微分計算により，それらの変化量の各々の微分の間の関係が導かれるのですから，「積分計算はその逆の方法」（オイラーの言葉）を与えます．ライプニッツは曲線と接線の間を自由に往還する道を開きました．オイラーの微分方程式の世界には曲線の影は射していませんが，微分と積分が当初から互いに他の逆演算と認識されているところはライプニッツに似通っています．ライプニッツ，オイラー，コーシーと，微積分の姿は実に多彩です．

6. オイラーが作る微分方程式

「解析学三部作」として知られるオイラーの3連作の第1作は全2巻の『無限解析序説』です．第2作は『微分計算教程』．全3巻という浩瀚無比の第3作『積分計算教程』がこれに続きます．『積分計算教程』の本文の頁を数えると，第1巻は542頁，第2巻は434頁，第3巻は639頁．計1615頁に達します．序説の土台の上に微分法と積分法を構築するという解析教程の構造はオイラーに続く人びとの範例となり，ラグランジュの『解析関数の理論』，コーシーの『解析教程』の時代を経由して，今日の高木貞治先生の『解析概論』や藤原松三郎先生の『微分積分学』にも踏襲されています．ところがオイラーの『積分計算教程』を実際にひもとくと，そこに展開されているのは徹頭徹尾，微分方程式の解法理論です．まったく想像をこえた光景でした．

オイラーに先立ってライプニッツとベルヌーイ兄弟（兄のヤコブと弟のヨハン）の手で無限解析が建設されましたが，その実体は曲線の理論です．接線を知って曲線の全体像の復元をめざすという計算法，言い換えるとライプニッツが逆接線法と呼んだ計算法は今日の目には微分方程式を解いているように見えますが，曲線の世界から離れて，逆接線法を大きく包み込む微分方程式論の原型を造形したのは，ほかならぬヨハン・ベルヌーイを師匠にもつオイラーでした．『積分計算教程』の第1巻と第2巻は今日の語法でいう常微分方程式論に該当し，第3巻では偏微分方程式の解法が繰り広げられています．その総体を指して，オイラーは積分計算と呼んだのでした．

オイラーはさまざまな形の微分方程式を自分で作り，解法もまた独自に試みました．一例を挙げると，z は2個の変数 x, y の関数として $p=\dfrac{\partial z}{\partial x}$, $q=\dfrac{\partial z}{\partial y}$ と表記して，デカルトに由来する「デカルトの葉」という名の代数曲線の連想を誘う1階偏微分方程式

$$p^3+x^3=3pqx$$

が提示されています．このようなところでデカルトの葉に出会うとはいかにも不思議で，眺めるほどに心を打たれます．

微分方程式の森をさまようと，たいへんな計算の末にようやく解答にたどりつくこともあれば，手のつけようのない難問に際会することもあります．解ける場合には諸変数を連繋する大域的な関係式が書き下されます．その関係式を組み立てるのに用いられるのは，代数関数と，三角関数，逆三角関数，指数関数，対数関数のようなわずかばかりの超越関数にとどまりますから，解ける微分方程式は実際にはごくわずかであり，たいていは解けないのです．それにもかかわらず手段を尽くして解いてみせることにはたして意味がありやと，思わず問い掛けたくなるほどですが，オイラーは先刻承知のうえで1600頁余りを費やしておびただしい数の微分方程式を解き続けました．解くことを通じて克明に認識されるのは，解ける世界の明るさというよりもかえって解けない世界の闇の深さです．実に凄惨な光景というほかはありません．

オイラーは解が存在しない方程式にも関心を寄せ，しかも単に存在しないというだけでは満足しません．パフの方程式と呼ばれる全微分方程式 $Pdx+Qdy+Rdz=0$ には，解の存在を保証する可解条件が付随しています．たとえば，微分方程式 $zdx+xdy+ydz=0$ は可解条件を満たしませんから解ける見込みはないのですが，それにもかかわらずオイラーは定数変化法を適用して，いよいよ壁にぶつかるまで歩を進めました．

解が存在しないことはわかっているのに解法の手順を進めていくのはなぜなのでしょうか．苦心の解法を駆使しても存在しない解を見つけることはできませんが，その代り解法の限界が乗り越え難い壁と化し，眼前にありありと出現する光景をこの目で見ることは可能です．そんなところにオイラーの真骨頂がはっきりと現れています．

7. 微分方程式を微分して解く

オイラーの「解析学三部作」のひとつ『積分計算教程』(全3巻）は総頁数が1600頁を軽々と凌駕するというほどの大著です．オイラーのいう積分論の実態は微分方程式の解法理論です．これを知ったときの印象はまた格別で，目を見張るような驚きを覚えたものでした．第1巻と第2巻は常微分方程式論，第3巻は偏微分方程式論．心をひかれることのない頁は存在しませんが，第1巻の末尾に「非常に複雑な微分方程式の解法」という一節が配置され，見た目にも途方に暮れてしまうような不思議な形の微分方程式が次々と登場します．微分方程式

$$ydx-xdy=a\sqrt{dx^2+dy^2}$$

はその一例で，オイラーの論文「積分計算におけるいくつかのパラドックスの説明」によると，出自は曲線の理論です．

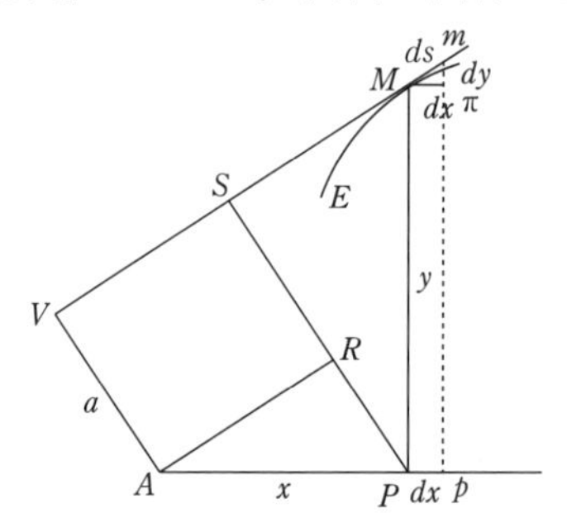

図において，A は与えられた点，EM は探索される曲線で，A から EM の接線に向けて垂線 AV を降ろすとき，その長さはつねに一定という限定が課されています．二つの三角形△PMS，△APR と無限小三角形△$Mm\pi$ はみな相似であることに着目すると，等式

$$PS=\frac{M\pi\cdot PM}{Mm}=\frac{ydx}{ds}, PR=\frac{m\pi\cdot AP}{Mm}=\frac{xdy}{ds}(ds=\sqrt{dx^2+dy^2})$$

が得られます．これらを $AV=PS-PR$ に代入すると，$a=\dfrac{ydx-xdy}{ds}$．これで上記の微分方程式が手に入りました．接線

の方程式のようには見えませんが，両辺を自乗して計算を進めると，曲線 EM の接線の方程式

$$(a^2-x^2)dy+xydx=a\sqrt{x^2+y^2-a^2}\,dx$$

が生じます．むずかしい形の方程式ですが，オイラーは $y=u\sqrt{a^2-x^2}$ という巧みな変数変換を発見して変数分離型に変形し，積分してこれを解き，円の方程式 $x^2+y^2=a^2$ と直線の方程式 $y=\frac{n}{2}(a+x)+\frac{1}{2n}(a-x)$ を導きました．提示された問題はこれで解けました．

微分方程式の解法の決め手を積分に求めるのは通常の姿です．ところがオイラーは，「積分計算におけるきわめて奇妙に見えるパラドックスを説明する」と宣言し，もうひとつの解法を提示しました．それは変数 $p=\frac{dy}{dx}$ を導入する方法で，これによって提示された微分方程式は $y-px=a\sqrt{1+p^2}$ という形になります．そうして，ここが注目の論点なのですが，オイラーはこの方程式を微分して，

$$dy-(pdx+xdp)=\frac{apdp}{\sqrt{1+p^2}}$$

という等式を書きました．$dy=pdx$ ですから，$-xdp=\frac{apdp}{\sqrt{1+p^2}}$．これより $dp=0$ あるいは $-x=\frac{ap}{\sqrt{1+p^2}}$ が導かれます．

前者では $p=\alpha$（定数）と置くと，$y=\alpha x+a\sqrt{1+\alpha^2}$ という直線の方程式が得られます．これがひとつの解です．後者からは $y=\frac{a}{\sqrt{1+p^2}}$．p を消去すると，もうひとつの解 $x^2+y^2=a^2$ が得られます．微分方程式を微分すると階数の高い微分方程式に導かれて困難が増し，目的地からますます遠ざかるばかりのように思われるにもかかわらず，不思議なことにこの第 2 の解法では目に映じるのは微分計算ばかりであり，しかも積分法による解法を凌駕する簡明さを備えています．オイラーはこの現象を微分方程式のパラドックスと呼び，このような事例を四つまで数えました．真に鮮やかな観察というほかはありません．

8. 見ただけで解ける微分方程式

論文「積分計算におけるいくつかのパラドックスの説明」で「微分方程式を微分して解く」というパラドックスを語ったオイラーは，同じ論文において，不思議さにおいて勝るとも劣らないもうひとつのパラドックスを語りました．微分方程式の中には，積分も微分もせずに，見ただけで解が見つかるものがあるというのです．何らかの微分方程式が手もとにあるとき，その微分方程式に包摂される情報を入手するには，その積分を求めるほかはありません．その積分には不定定数が付随していて，その数値を自由に指定することによりあらゆる場合が汲み尽くされる，普通はだれしもそう思うものだとオイラーは率直に所見を披歴しました．積分計算というのはもともとそのようなものなのだとオイラーは言いたいのですが，この考えに真っ向から反する事態に出会ってしまい，そこに解き難いパラドックスを見たのでした．

オイラーが曲線の理論から採取した微分方程式の一例を挙げると，図において，平面上に2点 A, B が固定され，曲線 AMB が描かれています．直線 TMV はその曲線上の点 M における接線で，軸 AB と垂直に2本の線 AE, BF が引かれていて，それらは接線 TMV とそれぞれ2点 T, V において交叉しています．このとき，AT, BV を2辺とする長方形の面積は，点 M の位置にかかわらずつねに一定であるという条件を課して，そのよう

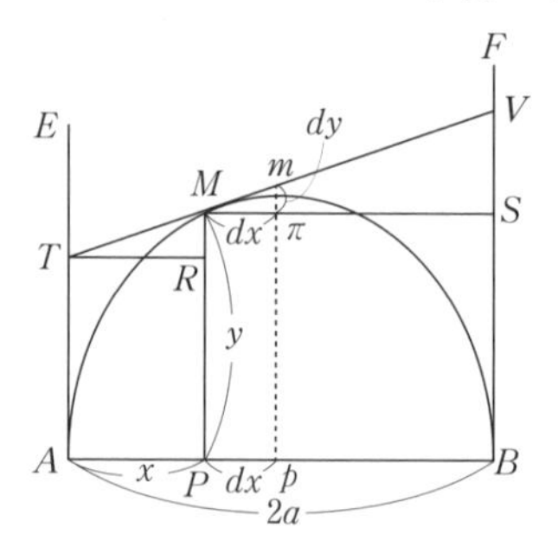

な性質を備えた曲線を探索せよというのが，オイラーが提示した問題です．曲線の理論の系譜に位置づけられる問題ですので，曲線が満たすべき微分方程式を立て，逆接線法を適用してそれを解き，曲線の方程式を書き下すという手順で進みます．

固定された2点A, Bを結ぶ線分の長さを$2a$とし，MからABに向けて降ろされた垂線MPの長さをy，線分APの長さをxとします．2本の線分AT, BVを2辺とする長方形の面積をc^2として，オイラーは

$$\left(y-\frac{xdy}{dx}\right)\left(y+\frac{(2a-x)dy}{dx}\right)=c^2$$

という微分方程式を書きました．どのようにしたら解けるのか，見ただけで途方に暮れてしまいますが，「通常の方法を気に掛けることなく」(オイラーの言葉)，$dy=pdx$と置いて新しい変数pを導入し，「微分する」とたちまち解けて楕円の方程式

$$\frac{(x-a)^2}{a^2}+\frac{y^2}{c^2}=1$$

に到達します．これが求める曲線の方程式です．

このような実に奇妙な現象よりもいっそう不思議なことがあります．上記の微分方程式をdyの2次方程式と見て解くと，接線TMVの方程式

$$(2ax-x^2)dy-(a-x)ydx=\sqrt{a^2y^2-c^2(2ax-x^2)}\,dx$$

が導かれますが，右辺の平方根の中に現れる式を0と等値して等式$a^2y^2-c^2(2ax-x^2)=0$を書くと，これはまさしく先ほどの楕円の方程式そのものです．$y=\frac{c}{a}\sqrt{2ax-x^2}$と表示して両辺の対数を取って微分すると，微分方程式の左辺を0と等値した等式$(2ax-x^2)dy-(a-x)ydx=0$が得られますから，この楕円は解であることがわかります．微分も積分もせずに，式変形をしただけで解けてしまいました．微分方程式論の体系の構築をめざしたオイラーは，同時に体系の網の目にかからない不可解な現象をじっと見つめる人物でもありました．

9. オイラーの微分方程式とデカルトの葉

オイラーの「解析学三部作」は刊行順に『無限解析序説』(全2巻. 1748年),『微分計算教程』(全1巻. 1755年),『積分計算教程』(全3巻. 1768–1770年) と続きます.『無限解析序説』の第1巻のテーマは関数の理論. 第2巻では, ライプニッツとベルヌーイ兄弟の手で完成の域に達した曲線の理論が, 関数という新たな足場を得て広々と繰り広げられています.『微分計算教程』に移ると, 曲線の理論とは無縁の場所で「変化量とその微分」という一般的な概念が提案されて, ライプニッツが発見した「万能の接線法」が昇華された姿が描かれています. 全3巻の大著作『積分計算教程』の書名にいう積分計算の実体は微分方程式の解法理論であり, 源泉をたどると, またしてもライプニッツの手になる逆接線法に出会います.

オイラーの無限解析の眼目が積分計算という名の微分方程式にあることに疑いをはさむ余地はありません.『積分計算教程』の第1巻と第2巻では常微分方程式論, 第3巻では偏微分方程式論が取り上げられて, さらに階数に応じて分類されていくというふうで, 後年の微分方程式論の範型が明瞭に示されています. 分類に応じてそのつど具体例が提示されているのもめざましく, すべてを書き並べると, 全3巻を通じて実におびただしい数に達します. 変数分離型の微分方程式や同次形の微分方程式, それにリッカチの微分方程式など, 早くから注目されていた微分方程式もあることはありますが, 大半はオイラー自身の工夫によるもので, どのひとつをとってもおもしろい形の方程式ばかりです. 一例を挙げると,

$$x^3dx^3+dy^3=axdx^2dy \quad (a \text{ は定数})$$

という常微分方程式があります. これだけでは由来はわかりませんが, 両辺を dx^3 で割ると,

$$x^3+\left(\frac{dy}{dx}\right)^3=ax\frac{dy}{dx}$$

となります．そこで微分商 $p=\dfrac{dy}{dx}$ を1個の変化量と見ると，

$x^3+p^3=axp$ となります．ところが，これは「デカルトの葉」と呼ばれる代数曲線の方程式にほかなりません．この曲線をパラメータ u を用いて $x=\dfrac{au}{1+u^3}$，$p=\dfrac{au^2}{1+u^3}$ と表示して解法を進めると，y の表示式

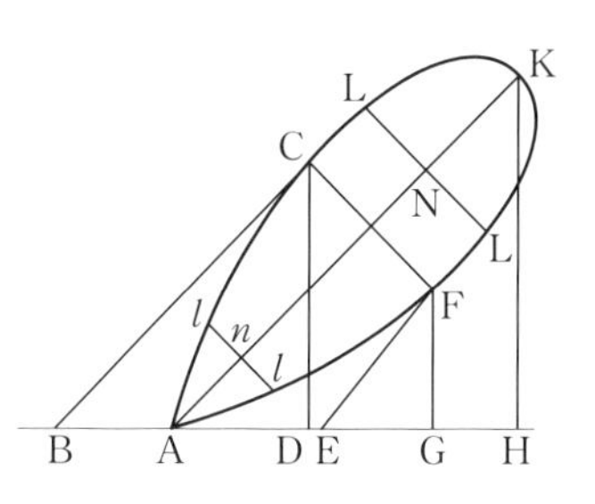

$$y=\frac{a^2}{6}\,\frac{2u^3-1}{(1+u^3)^2}+\frac{a^2}{3}\,\frac{1}{1+u^3}+C \qquad (C \text{ は定数})$$

に到達して解法が完結します．

偏微分方程式に例を求めると，

$$\left(\frac{\partial z}{\partial x}\right)^3+x^3=3\left(\frac{\partial z}{\partial x}\right)\left(\frac{\partial z}{\partial y}\right)x.$$

という方程式があります．今度は正確な対応はつきませんが，デカルトの葉の方程式にとてもよく似ています．偏微分方程式の一般解には不定関数が出現して煩雑になりがちですが，たとえば $z=\dfrac{1}{6}y^2-\dfrac{2}{3}x\sqrt{xy}$ は特殊解のひとつです．デカルトの葉の方程式とその概形は，デカルトが1638年にメルセンヌ宛書簡に書き留めました．オイラーの師匠のヨハン・ベルヌーイはデカルトの葉の面積を算出しましたが，そのデカルトの葉を，オイラーは微分方程式の事例の作成の場に生かしたのでした．人から人へ．数学のバトンは変容を重ねながら継承されました．

10. 直線の連続性と実数の連続性

今日の微積分が実数論の基礎の上に構築されていることは広く知られていますが，そのようにしなければならないという機運が盛り上がりを見せたのはそれほど古いことではなく，19 世紀の半ばころのことでした．実数論の核心は「実数の連続性」にあり，ライプニッツ以来の微積分はここに目が留まってはじめて厳密になったと評されるのも，今日の通説の教えるところです．デデキントの著作に『連続性と無理数』(1872 年）があり，序文を見るとデデキント自身の思索の体験が詳しく明かされていて心を惹かれます．

ゲッチンゲン大学でガウスとディリクレに学び，リーマンと語り合って青春の日々をすごしたデデキントは，スイスの連邦工科学校（今日の連邦工科大学チューリッヒ校の前身）に赴任して微積分を教えることになり，そのときはじめて微積分の基礎は厳密性に欠けていることを痛感しました．それは「単調に増大する有界数列は収束する」という微積分の根底に横たわる基本命題のことで，従来は幾何学的明証に逃げ道を求めていたのですが，ここにいたって不満を感じ,「純粋に数論的な全く厳密な基礎を見いだすまではいくらでも長く熟考しようと固く決心した」(河野伊三郎訳．岩波文庫『数について』から引用．以下同様）というのです．この思索から「実数の定義」が生れ,「実数の連続性」という認識の果実が摘まれました．1858 年 11 月 24 日のことで，デデキントはこれを親友のデュレージに打ち明けて喜びを分かち合いました．上方に有界な単調増大数列が収束することを証明するためには，収束していく先の「数」を語る言葉，すなわち「数の定義」を書き下さなければならず，まさしくそこにデデキントの苦心がありました．デデキントは有理数までは既知としたうえで「有理数域の切断」のアイデアをもってこの要請に応じ,「実数の連続性」を確認し，これを梃子にして「上記の基本命題の証明に成功しました．

定義から説き起こして形式的な論証を重ねていくのですから，一本の無限直線を頼りにして数の大きさを線分の長さで表示するというような幾何学的明証の出る幕はなく，どこまでも論理的に話が進んでいくばかりです．これが今日の語法でいう厳密性の姿ですが,「実数の連続性」と対をなすもうひとつの連続性が存在します．それは「直線の連続性」です．そこには論理も計算も介在する余地はなく，ただ直観の働きが生きているばかりです．『連続性と無理数』の第３章「直線の連続性」から言葉を拾うと，デデキントは「直線のあらゆる点を二た組に分けて，第一の組の一つ一つの点は第二の組の一つ一つの点の左にあるようにするとき，このあらゆる点の二つの組への組分け，直線の二つの半直線への分割を引き起こすような点は一つそうしてただ一つだけ存在する」(デデキント『数について』，河野伊三郎（訳)，岩波文庫．以下の引用も同じ）と書いています．この「平凡な取るに足りないこと」により直線の連続性の本質が尽くされていて，しかも，ここが肝心なところですが,「誰でもこの断定の真であることを直ちに許容するものと認めても，誤りではないと私は信じている」というのです．これだけではまだ言い足りないと思ったようで,「もし誰でも上に述べた原理がはなはだ自明であり，その人の直線の表象とよく一致していると認めるならば，私には大変喜ばしい」と註釈が添えられました．だまって受け入れてほしいというほどのことですが，それはまたなぜかといえば,「その原理の正しいことのどんな証明も持ちだすこと」もできず，しかも「誰にもその力はない」からという理由が挙げられました．

直線の連続性はいわば公理のようにすべての人びとに自明として承認されることが期待され，その唯一の公理を指針として実数の創造が遂行されました．論理的厳密さはひとり立ちすることはできず，根底にはつねに直截簡明に真理を把握する直観の働きが横たわっていることを，デデキントの思索の足跡はありのままに物語っています．

11. ラグランジュの解析関数

18世紀を象徴する数学者というと，だれよりも先にオイラー，次にラグランジュの名に指を屈します．ラグランジュは解析学や数論など，数学の諸領域でオイラーの思想を忠実に継承した数学者ですが，継承の仕方に創意があり，オイラーの指し示した方向に向けて大きく歩みを進めました．論文や著作の書き方にも著しい特徴が見られ，たいていの場合，冒頭に長文の序文が配置されて，懇切な歴史的回想が綴られています．ラグランジュは偉大な数学史家でもありました．

解析学の方面では『解析関数の理論』という著作があり，解析概論の系譜をたどるとロピタルの『曲線の理解のための無限小解析』，オイラーの三部作『無限解析序説』『微分計算教程』『積分計算教程』に続く作品ですが，ここでもまた微積分の歴史が黎明期にさかのぼって詳細に語られています．序文の末尾では，この著作のねらいは「関数を原始関数と見たり導出される関数と見たりする視点に立って関数の理論を与え，この理論により解析学，幾何学，それに力学の主だった諸問題を微分計算に従属させて解き，そうすることにより，これらの問題の解に対し，古代の人々の証明に見られる完全な厳密さを付与すること」であると，明快に表明されました．微積分の基礎に厳密さの欠如が感知され，不満があったのです．

微分計算には当初から無限小の観念がつきまとっていましたが，ラグランジュはこれを嫌い，早くから「無限小や極限に関するいっさいの考察から解き放たれた微分計算の真の諸原理」の模索を続けました．今日の微積分の基礎は極限の概念です．ところがラグランジュの見るところ，極限の概念などは無限小の言い換えにすぎず，いわば言葉の綾のようなものですから，そのような概念を基礎に据えたところで無限小の観念から自由になれるわけではありません．ニュートンもまた不安を感じたようで，ニュートンは無限小の仮説を回避しようとした，とラグランジュは指摘しました．ニュートンは「この仮説を回避するために，数学的諸量は運動により生成されると見て，これらの量の生成を伴う速度，あるいはむしろ可変速度の比を直接決定するための方法を探究」し，速度のことを「量の流率」と呼びました．これが「流率の方法」もしくは「流率計算」という呼称の由来です．

ライプニッツはドイツ神秘主義の宗教者クザーヌスの思想の影響を受けて曲線を「無限小の辺がつながって形成される無限多角形」と見ましたが，この認識はラグランジュの目にはいたずらに形而上的でありすぎました．これに対し，無限小の観念を放棄して，「「動く物」の動きにより描かれる線」と見るのがニュートンの流儀です．一見するとライプニッツよりはるかに明晰判明に目に映じますが，その理由は「人はみな速さの観念をもっている，あるいは，もっていると思っているから」にすぎませんし，そのうえ，「速度が変化するとき，ある点の各々の瞬間における速度」という不思議な観念を強いられるというのがラグランジュの所見です．

ライプニッツの「無限小」もニュートンの「運動」もいかにもあやしげな観念で，ラグランジュにとってはとうてい微積分の大伽藍を支える堅固な基盤ではありえません．そこでラグランジュは，関数を「形式的な無限冪級数」に展開し，それ自体を微積分の計算の対象にするという，独自のアイデアを提案しました．「形式的」というのは収束性を度外視していることに注目してそういうのですが，この関数はラグランジュの著作の書名では「解析関数」と呼ばれています．これが今日の「解析関数」という用語のはじまりです．

12. 関数とは何か

リーマンはベルリン大学で複素変数関数論のあるべき姿をめぐってアイゼンシュタインと語り合い，それからゲッチンゲンにもどって，1851年，学位取得をめざして「1個の複素変化量の関数の一般理論の基礎」という論文を大学に提出しました．審査員はガウスで，審査が行われたのはこの年の冬12月3日のことでした．ガウスにとってこの論文の内容は周知の事柄ばかりだったようで，そのためかそれほど高く評価することはなかったということですが，ガウスの所見はともかくとして，リーマンの論文は一文また一文と読む者の心に響く言葉が打ち続き，印象はあまりにも神秘的です．

岡潔先生は若い日からリーマンを憧憬し，生涯にわたって深い親しみを抱き続けていました．リーマンの論文を読もうとすると，少し目を通しただけで，ああもあろう，こうもあろうと夢のような想念がたちまち群がり起り，読み進めることができなくなってしまうと晩年になって述懐しています．リーマンは論文の場において心を語り，数学の理想を描こうとする人でした．岡先生はそのリーマンの心に強く共鳴し，リーマンをさながら自分の分身であるかのように思う心情に包まれていたのでしょう．

リーマンは，そもそも「関数とは何か」という，根源的な問い掛けから出発して複素変数関数論を語り始めました．冒頭に登場するのは関数の定義です．関数概念を規定して足場を固めるというよりもむしろ，何をもって関数と見るかという考察の軌跡が語られていて，随所に歴史を見る目が光っています．リーマンのねらいは複素変化量の関数にありますが，まずはじめに取り上げられたのは実変化量の関数でした．歴史の積み重ねを重く見たのです．

z は実変化量，すなわちあらゆる実数値を取り得る変化量とし，その z の各々の値に対して，もうひとつの変化量 w の「ただひとつの値」が対応するという状勢が認められるなら，そのとき w を z の関数というのだと，リーマンは最初の一文を書きました．変化量という言葉が用いられていますが，ここに感知されるのはオイラーの言葉です．オイラーの『無限解析序説』(全2巻) の第1巻の冒頭に定量と変化量の定義が書かれています．それによると定量というのは数と同じものであり，変化量は「あらゆる数値をその内部に包み込んでいる量」のことでした．

二つの変化量 z, w の関係を規定するのは単に「z の取る値に w の値が対応する」というだけのことですから，抽象の度合いはきわめて高く，今日の関数概念と同じです．

このような関数のアイデアはオイラーに淵源し，フーリエはこれを継承して「まったく任意の関数」と呼びました．明確に言葉を与えたのはベルリン時代のリーマンの師匠だったディリクレです．ディリクレは若い日にパリに滞在し，フーリエに学んだ経験の持ち主で，リーマンはそのディリクレの言葉をそのまま再現したのでした．

z に対応する w の値が「ただひとつ」と明記されたところはディリクレに独自のアイデアで，オイラーには見あたりません．ディリクレの念頭には関数のフーリエ級数展開があり，フーリエ級数に展開される関数はただひとつの値しか取らないところに着目して一価性を明記したのでした．それならフーリエもまたごく自然にそのように思いなしていたにちがいありません．ディリクレはオイラーとフーリエの心のカンバスに描かれていた光景に言葉の衣裳をまとわせて，その簡素な衣裳はそのままリーマンの考察の出発点になりました．リーマンの書き物にありありと歴史が感知されるのはこのような場面です．

13. 連続関数の微分可能性

今日の微積分は関数の諸性質の探究をめざして構築されていますが，このようなスタイルを提案した一番はじめの人はオイラー，次はラグランジュ，その次はコーシーです．わけてもコーシーの影響は絶大で，1821年の著作『解析教程』と 2年後の 1823年の著作『無限小計算講義要論』により，今日の微積分のテキストの原型が示されました．どちらもパリのエコール・ポリテクニクにおける講義の記録です．前者の『解析教程』では関数の定義に始まって一般的考察が展開されました．これを土台にして，後者の『要論』に移ると「関数の微分」と「関数の積分」の理論が組み立てられていきます．200年の昔の作品でありながら堅牢無比の構造物で，二冊を合わせると，そのまま今日の大学で微積分の講義のテキストとして使いたくなるような強い誘惑にかられます．

関数の探究という構えを取って広大無辺の「関数の世界」の観察に臨むとき，まずはじめに目に入るのは連続関数で，コーシーの『解析教程』も連続関数の諸性質のひとつひとつを拾う作業から説き起こされています．連続関数というものの出所来歴はひとまず措いてその先に目をやると，続いて現れるのは関数の微分可能性にまつわる議論です．連続関数は必ずしも微分可能ではないという事実は今日の数学的常識のひとつですが，なお歩みを進めると，「いたるところで微分不可能な連続関数」さえ存在します．ヴァイエルシュトラスが構成した例が有名ですが，高木貞治先生もまた独自に一例を示しました．今日では「高木関数」という呼称が定着しています．類体論のような大きな理論体系とはまた別の，高木先生が開いた数学的世界のもうひとつの側面で，小なりといえども今にいたるまで明るい光彩を放ち続けています．

吉江琢兒先生が「考へ方研究社」の数学誌『高数研究』第1巻，第2号(昭和11年)に寄せた回想記「思い出づるままに—ことの由来を知る面白さ」には，ヴァイエルシュトラスが提示した不思議な連続関数の出自に関連して興味の深いエピソードが紹介されています．ヴァイエルシュトラスはリーマンの有形無形の示唆を感知していたというのです．

Felix Christian Klein（1849–1925）

吉江先生は洋行の前からヴァイエルシュトラスの例を承知していましたので，連続関数は微分可能とは限らないという事実はヴァイエルシュトラスの発見と思っていました．ところがゲッチンゲンでクラインの講義を聴いたとき，クラインは「これはゲッチンゲン大学のリーマンがはじめて提唱したことである」という話をするので仰天したということです．

クラインが言うには，リーマンは真に頭脳明晰の人であったから，連続関数が必ずしも微分可能ではないことはリーマンにとっては明々白々な事実でした．ところが同じゲッチンゲン大学の物理学教授のヴィルヘルム・ウェーバー(ガウスの若い友人で，ガウスとともに電信機を発明した人．有名な代数のテキストの著者のハインリッヒ・ウェーバーとは別人です）はこれを承認せず，「連続関数を図に描いてみるがよい．いたるところ明らかに接線があるではないか」と主張しました．ウェーバーは数学の専門家ではありませんが，電信機を発明するほどの人にしてなおこのようなありさまでした．いわんや普通の凡人においてをや．

ここにおいてヴァイエルシュトラスがヴァイエルシュトラス自身の名を冠する有名な実例を考案するという成り行きになり，この事実はだれにもうなずけるようになりました．これが吉江先生がゲッチンゲンで聴いたクラインの話です．

14. 原始関数と不定積分

原始関数と不定積分はまったく別のもののように見える反面，同じものに附された二つの言葉のようにも見えますので，いつも困惑させられてしまいます．

関数 $f(x)$ の原始関数というのは，その導関数が $f(x)$ になる関数，すなわち関数等式 $F'(x)=f(x)$ を満たす関数 $F(x)$ のこと．不定積分というのは積分可能な関数 $f(x)$ に積分記号を附して表示される式 $F(x)=\int f(x)dx$ のことで，これだけで単独の関数が確定するというわけではありませんが，積分の下端 a を固定し，上端を変数 x と設定すれば 1 個の関数が定まります．下端 a の取り方は自在ですから，積分式 $F(x)$ には無数の関数が包含されていることになりますが，そんな不安定な雰囲気は不定積分の名によく似合います．

$f(x)$ が連続関数の場合には積分式 $F(x)$ が確定し，しかも $F(x)$ に内包されるどの関数も $f(x)$ の原始関数になります．逆に，連続関数 $f(x)$ の原始関数 $F(x)$ は，等式 $F'(x)=f(x)$ を積分すれば認識されますから，「不定積分は原始関数であり，原始関数は不定積分である」，あるいはまた「微分と積分は互いに他の逆演算である」(微積分の基本定理) とひとことで言い表されることになり，諸事情はいっそう簡明に諒解されます．概念規定に不明瞭なところはなく，すべてがさらさらと進行します．ではなぜ同じものに二つの名前がついているのでしょうか．

原始関数という言葉は 1797 年のラグランジュの著作『解析関数の理論』に登場し，序文の末尾にこんなことが書き留められています．

「この著作のねらいは，関数を原始関数と見たり導出される関数と見たりする視点に立って関数の理論を与え，この理論により解析学，幾何学，それに力学の主だった諸問題を微分計算に従属させて解き，そうすることにより，これらの問題の解に対し古代の人々の証明に見られる完全な厳密さを付与することである.」

ラグランジュのねらいは微積分に「古代の人々の証明に見られる完全な厳密さ」を与えようとするところにあり，そのために「関数を原始関数と見たり，導出される関数と見たりする」というのです．実に不可解で不思議な言葉です．

微積分の根底に位置するのは無限小の観念ですが，ラグランジュはこれを嫌い，無限小の束縛から自由になる道を模索して，手掛かりを無限級数の理論に求めました．今日の微積分では関数をテイラー級数に展開することがあります．ラグランジュは逆にテイラー級数の形の無限級数そのものを指して，収束性などは度外視したうえで，関数と呼びました．そこで今，$f(x)$ はラグランジュのいう関数として，x に増分 Δx を加え，$f(x+\Delta x)$ を考えると，各階数の導関数 $a_n=\dfrac{1}{n!}f^{(n)}(x)$ を係数に用いて，

$$f(x+\Delta x)=f(x)+a_1\Delta x+a_2(\Delta x)^2+a_3(\Delta x)^3+\cdots+a_n(\Delta x)^n+\cdots$$

という形の表示式が成立します．各階の導関数は，提示された関数から「導き出された関数」であり，それらが「そこから導出されるところの元の関数」，すなわち提示された関数そのものが原始関数です．

提示された関数は単独で原始関数でありうるのではなく，一系の導関数が一堂に会してはじめて原始関数の名を獲得します．不定積分とは何の関係もありませんが，ではなぜ両者の間に橋が架かるのでしょうか．歴史の深層は深い謎に満たされています．

15. 連続曲線と連続関数

今日の微分積分学の基本的な対象は関数で，関数を微分したり，関数を積分したり，あるいはまた関数をテイラー級数やフーリエ級数に展開したりする方法が問題として課されます．そこで微積分のテキストでは関数の一般概念の導入から説き起こされるのですが，まず集合から集合への一価対応という極度に抽象的な関数概念が提示され，その次に連続関数が語られて，それからようやく微分法の話が始まります．

連続関数の概念は積分法の領域でも重要な役割を演じ，有界閉区間上の連続関数はリーマン積分可能であるという命題が基本定理です．では，連続関数のアイデアはどこから来たのでしょうか．微積分を学ぶ際にただちに直面するのはこの疑問です．

微積分の歴史は古く，西欧近代の数学史とほとんど軌を一にして変容を重ねてきました．現在の解析教程の原型となったのはコーシーの二冊の著作『解析教程』(1821 年）と『微分積分学要論』(1823 年）ですが，これに先立って，関数概念は 1748 年に刊行されたオイラーの著作『無限解析序説』において数学史上はじめて公に表明されました．オイラーは，「ある変化量の関数というのは，その変化量といくつかの数，すなわち定量を用いて何らかの仕方で組み立てられた解析的表示式のことをいう」と，関数を語りました．これが関数概念の嚆矢です．

オイラーが関数概念を導入したのは曲線を理解するためで，オイラー自身，こう言っています．「点の連続的な運動により曲線が機械的に描かれていき，そのようにして曲線の全容が全体として目に見えるように与えられることがある．そのような曲線は多い．だが，それはそれとしてここでは主として，それらの曲線の解析的源泉，すなわちはるかに広範な世界に向かうことを許し，しかも計算を遂行するうえでもはるかに便利な源泉を関数と見て，その視点から考察を加えていきたいと思う.」

曲線があれば関数が認識され，逆に関数のグラフは曲線を描きます．オイラーは関数を先，曲線を後にして，関数を曲線の「解析的源泉」として認識するという視点を打ち出しました．曲線はそれを表す関数の性質に応じて代数的な曲線（ライプニッツの用語．デカルトの呼称は「幾何学的な線」）と超越的な曲線（ライプニッツの用語）に区分けされます．古代ギリシアの幾何学に現れたニコメデスのコンコイドやディオクレスのシソイドや円錐曲線（楕円，放物線，双曲線）は代数的ですが，ヒッピアスの円積線やアルキメデスの螺旋，それに近代の西欧に現れたサイクロイドなどは超越的です．

曲線はまた連続曲線と不連続曲線（複合曲線，非正則曲線）に分かれます．連続曲線というのは，「あるひとつの定められた変化量の関数を通じてその性質が表されるという性質を備えた曲線」のことで，いくつかの連続曲線をつないで描かれる曲線は不連続曲線です．まるで関数はみな連続的であるかのようですが，「連続曲線」という言葉はあるのに肝心の「連続関数」という言葉が見あたらないのはいかにも不思議です．

「ある一定の規則にしたがう一様な機械的運動によって描かれる曲線は連続曲線である」とオイラーは言っています．それなら曲線の連続性はオイラーの心に描かれた心象風景にほかならず，その鮮明な印象をありのままに言い表したのが連続曲線という言葉です．関数の連続性は一様な機械的運動によって描かれる曲線の印象に伴う属性ですから，取り立てて強調する必要はないとオイラーは思ったのでしょう．概念の根底にはつねに提案者の心情が流れていることを，連続関数の一語の欠如はありありと示しています．

16. 代数関数とアーベル積分

アーベルの「パリの論文」(1826 年) のテーマを今日の語法にしたがってひとことで言い表すと,「アーベル積分の加法定理」ということになりますが, では「アーベル積分とは何か」と問われたなら, どのように応じたらよいのでしょうか. アーベル自身は「パリの論文」のまえがきのあたりで,「これまで幾何学者(註. 数学者と同じ) たちの手で考察されてきた超越関数はごくわずかである」と指摘しました. そのうえで, 近年になってようやく 2, 3 の新たな超越関数の考察が始まったという認識を示し, それらの中でも筆頭に位置を占めるのは「その微分がある同一の変化量の有理関数を係数とする代数方程式を用いて書き表される, という性質をもつ関数」であると, 明快に宣言しました. アーベルはルジャンドルが提案した用語法を踏襲して,「積分」と言わずに「関数」という言葉を用いています. ここで語られている関数が今日のアーベル積分に該当します.

アーベルの言葉をそのまま再現すると, アーベル積分というのは, y はある変化量 x の代数関数として, x と y の有理式 $f(x,y)$ を係数とする微分式 $d\omega=f(x,y)dx$, すなわち代数的微分式の積分のことと諒解されます. ここであらためて浮上するのは「代数関数とは何か」という問題です. この微分式は「ある同じ変化量の有理関数を係数とする代数方程式をもちいて書き表される」とアーベルは言っています. y が x の代数関数であれば, 有理式 $f(x,y)$ もまた確かに (リーマンの語法によれば, y と同じ「分岐様式」をもつ) x の代数関数です. そうして y が x の代数関数であるというのは, アーベルの場合, x の有理式 (多項式と言っても同じことになります) $p_0(x), p_1(x), \cdots, p_n(x)$ を係数とする代数方程式 $p_0(x)y^n+p_1(x)y^{n-1}+\cdots+p_n(x)=0$ を満たすということを意味しています.

アーベルのいう代数関数はこのようなものでした．アーベルに先立ってオイラーが一番はじめに提案した関数概念は変化量と定量を用いて組み立てられる何らかの式のことで，オイラーはそれを解析的表示式と呼びました．解析的表示式がそのまま関数で，その関数を代数関数と超越関数に区分けしたのもまたオイラーです．代数的演算，すなわち加減乗除の 4 演算と「冪根を作る」という演算のみを用いて組み立てられる表示式が代数関数，超越的演算を要する表示式は超越関数です．

関数概念の導入のねらいは曲線を理解することにあり，オイラーは曲線の「解析的源泉」，すなわち「はるかに広範な世界に向かうことを許し，しかも計算を遂行するうえでもはるかに便利な源泉」(オイラー『無限解析序説』第 2 巻より) を関数に見て，曲線を関数のグラフとして把握するというアイデアを提示しました．このアイデアに沿うと，何よりも先に規定されるのは代数関数の概念で，代数曲線は代数関数のグラフとして描かれることになりますが，この道筋は必ずしも通行可能ではありません．なぜなら，「代数関数はしばしば具体的な形に表示されないことがある」(オイラー『無限解析序説』第 1 巻より) からです．オイラーが方程式 $y^6-ax^2y^3+bx^4y^2-cxy+1=0$ を挙げて例示したように，代数方程式 $f(x, y)=0$ を解いて y を x の代数的表示式として表すのは必ずしも可能ではありません．

代数方程式の代数的可解性の可能性を問う困難な問題に，ここで逢着します．それでもオイラーはなぜか楽観していたようですが，「不可能の証明」に成功したアーベルはこれを放棄して，もう代数方程式を解こうとはしませんでした．代数関数をコンパクトなリーマン面上の解析関数と見るリーマンの立脚点まで，アーベルはもう一歩の地点に到達したのでした．

17. 絶望を越えて――ヤコビの言葉

1795 年の年初，10 代の若い日に平方剰余相互法則の第 1 補充法則を発見したガウスは，同時に高次冪剰余相互法則の存在を予感して探索を続けました．論理的な根拠に根ざしていたわけではなく，ガウスの予感は何に由来するのかだれにもわかりません．はたして確信は結実し，優に 30 年をこえる歳月の後に 4 次剰余相互法則の発見に成功しました．無から有が生れたとしか思えない不思議な出来事で，このあたりの消息には数学の神秘感が充溢しています．

黎明期の多変数関数論にもよく似た出来事がありました．正弦関数 $x=\sin\theta$ は円の弧長積分 $\theta=\int_0^x \frac{dx}{\sqrt{1-x^2}}$ の逆関数として認識され，第 1 種楕円積分 $\alpha=\int_0^x \frac{dx}{\sqrt{(1-c^2x^2)(1+e^2x^2)}}$ の逆関数 $x=\varphi(\alpha)$ は，アーベルが明らかにしたように，2 重周期性を備えた 1 価関数になりますが，ヤコビはこのアイデアを継承して第 1 種超楕円積分 $u=\int_0^x \frac{(\alpha+\beta x)dx}{\sqrt{X}}$（ここで X は 5 次多項式 $X=x(1-x)(1-\kappa^2x)(1-\lambda^2x)(1-\mu^2x)$．$\kappa,\lambda,\mu$ は不等式 $1>\kappa^2>\lambda^2>\mu^2$ を満たす実数）の逆関数 $x=\lambda(u)$ を考察しました．ガウスのように存在を確信して探索を続けたのですが，うまくいきそうに見えながら，同時に実に不可解な現象に直面して行き詰まりました．6 個の定数

$$u_1=\int_{-\infty}^0 \frac{(\alpha+\beta x)dx}{\sqrt{-X}},\ u_2=\int_0^1 \frac{(\alpha+\beta x)dx}{\sqrt{X}},$$

$$u_3=\int_1^{\frac{1}{\kappa^2}} \frac{(\alpha+\beta x)dx}{\sqrt{-X}},\ u_4=\int_{\frac{1}{\kappa^2}}^{\frac{1}{\lambda^2}} \frac{(\alpha+\beta x)dx}{\sqrt{X}},$$

$$u_5=\int_{\frac{1}{\lambda^2}}^{\frac{1}{\mu^2}} \frac{(\alpha+\beta x)dx}{\sqrt{-X}},\ u_6=\int_{\frac{1}{\mu^2}}^{\infty} \frac{(\alpha+\beta x)dx}{\sqrt{X}}$$

を作ると，等式 $\lambda(u+2u_1\sqrt{-1})=\lambda(u)$，$\lambda(u+2u_2)=\lambda(u)$，$\lambda(u+2u_3\sqrt{-1})=\lambda(u)$，$\lambda(u+2u_4)=\lambda(u)$，$\lambda(u+2u_5\sqrt{-1})=\lambda(u)$，$\lambda(u+2u_6)=\lambda(u)$ が成立します．これによって，関数 $\lambda(u)$は3個の実周期 $2u_2, 2u_4, 2u_6$ と3個の純虚周期 $2u_1\sqrt{-1}$，$2u_3\sqrt{-1}$，$2u_5\sqrt{-1}$ をもつことがわかりますが，$u_1+u_5=u_3$，$u_2+u_6=u_4$ という関係により周期の個数は実際には4個になります．これ以上少なくはなりませんので，一見すると関数 $x=\lambda(u)$ は4重周期をもつように見えます．ところが，二つの実周期 $2u_2, 2u_6$ を用いてどれほどでも小さな実周期を作ることができますし，二つの純虚周期 $u_1\sqrt{-1}$ と $u_5\sqrt{-1}$ を用いてどれほどでも小さな純虚周期を作ることもできます．このようなことでは「x を u の解析的な関数（*functio analytica*）と考えることはできないのは明らかである」とヤコビは慨嘆したのでした．

楕円積分の場合と異なり，超楕円積分の多価性は逆関数の周期性に吸収されないのです．ここにおいて，ヤコビは「このほとんど絶望的な状勢において幸いにも生起する事柄（*quod feliciter evenit in hac quasi desperatione*）」に目を留めました．それは単独の超楕円積分ではなく二つの独立な第1種超楕円積分を用いて連立方程式

$$\int_a^x \frac{(\alpha+\beta x)dx}{\sqrt{X}}+\int_b^y \frac{(\alpha+\beta x)dx}{\sqrt{X}}=u,$$
$$\int_a^x \frac{(\alpha'+\beta' x)dx}{\sqrt{X}}+\int_b^y \frac{(\alpha'+\beta' x)dx}{\sqrt{X}}=u'$$

を立てて，x と y を2変数 u, u' の関数 $x=\lambda(u,u')$，$y=\lambda'(u,u')$ と見るというアイデアです．逆関数の存在に寄せる確信が絶望を乗り越える力に転化したのでした．今度は諸事が破綻なく進行し，x と y は4重周期をもつ2価関数であることが明らかになりましたので，ヤコビはそれらにアーベル関数という名前をつけました．多変数関数論の端緒がこうして開かれました．

18. 100年目のリーマン面

21世紀も20年目の春にさしかかり，「21世紀の数学」の姿があれこれと相望されるころとなりましたが，今からおよそ100年前の1913年は，ヘルマン・ワイルの著作『リーマン面のイデー』が出版された年でした．ワイルという名前の原語表記はWeylですから，ドイツ語風に発音すると「ヴァイル」となりそうですが，なぜか「ワイル」が流布しています．

ワイルの生年は1885年11月9日．生地はハンブルクの北西37キロに位置する都市エルムスホルンです．1904年秋，満18歳のワイルはミュンヘン大学に入学して数学と物理学を学び，それからゲッチンゲン大学に移りました．吉江琢兒先生が洋行を終えて帰国したのは1902年，そのまた前年の1901年には高木貞治先生が帰国しています．惜しくもすれ違いになってしまいましたが，ゲッチンゲンでヒルベルトの影響を大きく受けたところは同じです．ワイルはヒルベルトに接して名状しがたい感銘に襲われたようで，後年，ヒルベルトが書いたもののすべてを学ぼうと固く決意したと回想しています．

ゲッチンゲンでの最初の一年が終わり，ワイルはヒルベルトの「数論報告」を手に故郷にもどりました．数論の初歩の知識もなく，ガロア理論も知らなかったのですが，「いっしょにいる」だけで十分だったのでしょう，「数論報告」とともに生涯最高の至福の一夏をすごしました．一冊の書物にはときおり人生を左右する力が宿ります．岡潔先生はベンケとトゥルレンの著作『多複素変数関数の理論』に出会い，絶えず座右に置いて読みふけりましたので，とうとう本の形がくずれてしまいました．小平邦彦先生がザリスキの『代数曲面』をつねにカバンに入れて持ち歩いていたことは広く知られていますが，その小平先生にはもう一冊，心を奪われた本がありました．それが『リーマン面のイデー』でした．

ワイルはヒルベルトの指導を受けて積分方程式をテーマに論文を書いて学位を取得し，それから私講師になり，1911年から翌12年にかけての冬学期にリーマンの関数論について講義を行いました．この講義が土台になって『リーマン面のイデー』ができました．「諸言および序文」の末尾の日付は「1913年4月」．ワイルは満27歳でした．1923年，第2版刊行．1955年，第3版刊行．第3版には英訳もあります．1974年，邦訳書『リーマン面』(田村二郎，岩波書店)が刊行されましたが，翻訳に当たって初版を底本にしたのは立派な見識でした．

ワイルの目に映じるリーマン面は「関数の多意性を眼の前に描き出し，直観に訴えるための画像」(ワイルの言葉．邦訳書『リーマン面』より．以下の引用も同様）ではありません．「経験により多かれ少なかれ技巧的に解析関数から蒸留された何ものかではなく，あくまでもそれ以前のもの，母なる大地，その上にこそはじめて諸関数が生育し繁茂しうる大地」であるというのですが，リーマン面の理念を厳密に表現するためには「多量の抽象的な，微妙な概念と思考」が要求されます．数学が抽象に向かう必然性がここに明確に表明され，ワイルのリーマン面は今日の複素多様体の原型になりました．ただし，抽象は単なる網にすぎないとも．この網を使って，「本質において単純であり偉大であり崇高である本来の理念を，プラトンの表現によれば *τοπος ατοπος*（トポス・アトポス＝場所なき場所）のなかから―海のなかから真珠を採るように―われわれの悟性界の表面にとり出すのである」とワイルは言い添えました．ワイルの抽象には具象が充満しています．

19. 上空移行の原理から不定域イデアルへ

2018年は岡潔先生の没後40年の節目にあたりましたので，そのころから岡先生の数学論文集の再読の機運が高まって，全10篇の連作「多変数解析関数について」の第1論文からはじめて順次読み進めてきました．数学を情緒の表現の一形式と語り続けていた岡先生ですが，もっともよく岡先生の情緒が現れているのは，岡先生が心血を注いで書き続けた数学の論文そのものを措いてほかにありません．

第7論文「三,四のアリトメチカ的概念について」の主題は「不確定領域の正則イデアル」．略称は「不定域イデアル」です．クンマーが数論に導入したイデアルは多項式の場に移り，なお一歩を進めて多変数関数論に移植されて不定域イデアルになりました．ところが，この概念は「上空移行の原理」にすでに萌していると，岡先生は第7論文の序文で指摘しています．複素数空間 $((x))$ 内の領域 D における有限個の正則関数 $f_j((x))$ $(j=1,2,\cdots,\nu)$ を用いて正則多面体

$$(\Delta)\quad |x_i|\leqq r_i,\ |f_j((x))|\leqq 1$$
$$(i=1,2,\cdots,n\,;\,j=1,2,\cdots,\nu)$$
$$((x))\in D$$

を作り，これを高次元空間に移して閉多重円板 (C) $|x_i|\leqq r_i$, $|y_j|\leqq 1$ $(i=1,2,\cdots,n\,;\,j=1,2,\cdots,\nu)$ 内に多重形成体

$$(\Sigma)\quad y_j=f_j((x)),\ ((x))\in\Delta,\quad (j=1,2,\cdots,\nu)$$

を描きます．Δ において正則関数 $f((x))$ が与えられたとき，それを (C) の全域において正則な関数 $F((x,y))$ の Σ への制限として認識する可能性を問うところに，上空移行の原理の真意が宿っています．実際，岡先生はここから1個のイデアルの問題を取り出して，それを「問題 (C_2)」と名づけました．

Henri Paul Cartan
(1904–2008)

一般に多複素変数の空間$((x))$の閉集合Eの近傍に有限個の正則関数$F_1, F_2, \cdots, F_p$を指定します．Eの各点Pのまわりに描かれた多重円板(γ)において正則関数$\varphi(x)$が与えられていて，隣接する多重円板(γ)と(γ')の共通部分(δ)のどの点Mにおいても，附随する関数$\varphi(x), \varphi'(x)$は合同式$\varphi \equiv \varphi' \bmod(F)$により結ばれているとします．この合同式は，$\alpha_i\ (i=1,2,\cdots,p)$は正則関数として，等式$\varphi=\varphi'+\alpha_1 F_1+\alpha_2 F_2+\cdots+\alpha_p F_p$が成立することを意味しています．このような状勢下において，Eの近傍における正則関数$\Phi(x)$を見つけて，Eのどの点においても$\Phi \equiv \varphi \bmod(F)$となるようにせよと要請するのが問題$(C_2)$です．

上空移行の原理における閉多重円板(C)をEと見て，関数系$F_j=y_j-f_j((x))\ (j=1,2,\cdots,\nu)$を指定します．$(C)$の点$P$に対し，$P$が$\Sigma$の点ならその近傍に関数$\varphi((x))$を配置し，そうでなければ$P$のまわりの多重円板と交叉しないように小さくとり，関数として定数1を配置する．これで問題(C_2)が成立しています．この状況を指して上空移行の原理にはイデアルの理論が萌しているというのですが，にわかには信じがたい出来事です．なぜなら，上空移行の原理により提供される問題(C_2)はこの問題の一般型に比してあまりにも単純にすぎるからです．関数系$F_j=y_j-f_j((x))\ (j=1,2,\cdots,\nu)$はまだしも，各点ごとに分布する関数は$f((x))$と定数1の二つのみで，問題$(C_2)$を支える合同式は自明でしかありません．わずかにこれだけの観察を通じて問題(C_2)の造形にいたるというのはいかにも神秘的で，問題の造形はそれ自体が1個の数学的創造であることを，この間の経緯はありありと物語っています．

II. 数の理論と代数方程式論

20. 直角三角形の基本定理

西欧近代の数学に散りばめられている名所旧跡の中で，数論の方面に目をやると，真っ先に耳目を引きつけられるのはフェルマの数論です．その淵源はアレクサンドリアのディオファントスの著作『アリトメチカ』で，アリトメチカ（Arithmetica）はギリシア語の$\alpha\varrho\iota\theta\mu\eta\tau\iota\kappa\eta$（アリトメチケ）のラテン語表記ですが,「数の理論」を意味する由緒ある言葉です．

ディオファントスの『アリトメチカ』はギリシア語で書かれている古文献で，バシェが作成したギリシア語とラテン語の対訳本が刊行されたのが 1621 年．フェルマは一本を入手してこれを読み，多種多様な数論の命題が繁茂する 48 個のメモを余白に書き留めました．1630 年代の一時期と推定される出来事です．シュテファン・ツヴァイクは，学問芸術の歴史には長い期間にわたって人々を導くことになる力を秘めた稀有の瞬間がときおり出現することに着目し，これを「人類の星の時間」と呼びましたが，フェルマの「欄外ノート」が現れた 1630 年代は西欧近代の数学史におけるまぎれもない星の時間です．数学の問題は思いつきで発生するのではなく，歴史的に創造されることがありありと示されています．

フェルマの「欄外ノート」を構成する 48 個のメモのうち，「直角三角形の基本定理」は第 7 番目の記事の冒頭に出ています．フェルマはこの命題がことのほかお気に入りだったようで，その後も友人たちに宛てて幾度も繰り返して語り続けました．「直角三角形の基本定理」という言葉そのものが使われたのは 1641 年 6 月 15 日以降のある日に書かれたと推定されるフェルマの手紙で，宛先はフレニクルという人です．その手紙の冒頭に，〈直角三角形の基本定理というのは，4 の倍数よりも 1 だけ大きい素数はどれも二つの平方数で作られる，というものです〉と記されています．素数の全体を 4 との関連のもとで大きく二つに分けて，$4n+1$ という形の素数はただひととおりの仕方で二つの平方数の和の形に表されるというのです．$4n+3$ という形のものについてはそんなふうにはなりませんが，フェルマはもとよりそれも承知していました．

バシェのディオファントス

ディオファントスの『アリトメチカ』の対訳書には作成者のバシェ自身の註記もあり，フェルマはバシェの註記のひとつに対してさらに註記を書き添えたのですが，そのバシェの註記はディオファントスの本の第 3 巻の問題 22 に対するものでした．そこでその問題を参照すると，ディオファントスは 65 という数を例に採り，「65 は二通りの仕方で二つの平方数の和の形に表される」と明記し，その根拠を「65 は 13 と 5 の積であり，13 と 5 はいずれも二つの平方数の和に分けられる」という事実に求めています．

今日の目には初等整数論の簡単な練習問題のように見えますが，ではなぜディオファントスは数を二つの平方数に分けたいと思ったのかといえば，背景に広がる光景は直角三角形とピタゴラスの定理です．「直角三角形の基本定理」という，フェルマが選択した言葉の通りです．65 が二つの平方数に分けられたなら，なお一歩を進めて 65 の平方 4225 もまた二つの平方数に分けられて，しかもその分け方は $65^2=39^2+52^2=25^2+60^2=63^2+16^2=33^2+56^2$ と 4 通り存在します．これを言い換えると，斜辺が 65 の 4 個の直角三角形ができたということにほかなりません（フェルマは 3 辺の長さがみな自然数の直角三角形に関心を寄せています）．ピタゴラスの定理から「直角三角形の基本定理」へ．古い幾何学はごく自然に数論の泉になりました．

21. メルセンヌ数と完全数の根

フェルマの数論にはディオファントスの著作『アリトメチカ』の影響が大きく作用していることは広く知られていますが，そればかりではなく，フェルマが発見した命題の中にはユークリッドの『原論』の影響と見られるものも散見します．代表的な一例は2の冪より1だけ小さい数，すなわち $S_n = 2^n - 1$ という形の数の考察です．

1640年6月にメルセンヌに宛てて書かれたと推定されるフェルマの手紙に出ていることですが，フェルマは「冪指数 n が合成数なら，S_n もまた合成数である」と言明しました．たとえば，$n = 10$ は合成数ですから，対応する数 $S_{10} = 1023$ もまた合成数であることになり，実際に3で割り切れます．冪指数 n が素数ならどうかというと，その場合には「数 S_n から1を差し引いた数，すなわち $2^n - 2$ は，冪指数の2倍，すなわち $2n$ で割り切れる」と主張しました．たとえば，冪指数として素数7を採ると，$2^7 - 1 = 127$ となり，ここから1を差し引くと126．これは冪指数7の2倍，すなわち14で割り切れます．

冪指数 n が素数であっても S_n は素数とは限りませんが，その素因子の形はある程度まで限定されて，「冪指数の2倍もしくは2倍の倍数に1を加えた数，すなわち $2nx + 1$ という形の数になる」とフェルマは言明しました．たとえば，冪指数11は素数で，対応して2047が見つかります．他方，$2nx + 1 = 22x + 1$ という形の素数で，しかも2047を割り切る可能性があるものというと23，67，89の3個しかなく（2047の89より大きい約数が存在するとすると，商は23より小さくなります．ところが23より小さい約数は存在しないからです），2047の素因子はこれら以外にはないことになります．試してみると，はたして等式

$2047=23\times 89$ が得られ，2047 の素因子は 23 と 89 の二つであることがわかります．フェルマは「これらは私が発見し，易々と証明した三つのきわめて美しい命題です」と言い添えました．

メルセンヌ宛書簡に出ているためか，後年，S_n はメルセンヌ数と呼ばれるようになりました．フェルマが発見した三命題はどれもディオファントスとは無縁ですが，メルセンヌ数はユークリッドの『原論』第 9 巻，命題 36 に登場し，「もし S_n が素数なら，積 $S_n\cdot 2^{n-1}$ は完全数になる」と主張されています．完全数というのは「（自分自身は除いて）自分自身の約数の和に等しい数」のことで，S_n が素数の場合，$S_n\cdot 2^{n-1}$ の約数をすべて書き出してそれらの総和を作れば，この積が完全数であることは即座に確認されます．古代ギリシアの数学に現れたアリトメチカ，すなわち「数の理論」の一面で，フェルマがこれを知らなかったはずはありませんが，ここでがぜん注目されるのは，フェルマが「素数のメルセンヌ数」のことを「完全数の根」と呼んでいるという事実です．「もし 2^n-1 が素数なら，それは完全数を作り出すから」とフェルマはいうのです．

「根」の原語はラテン語の radix（ラディクス）ですが，一般にこの言葉には何かしら「根源にあるもの」を指し示そうとする気配が感じられます．代数方程式を満たす数値は最近では「解」と呼ぶ流儀が流布していますが，オイラーとガウスはラディクスと呼んでいます．植物の根もラディクスです．素数のメルセンヌ数 S_n には完全数 $S_n\cdot 2^{n-1}$ を作り出す力がありますから，フェルマが提案したように「完全数の根」という呼称がぴったりです．フェルマ，オイラー，ガウスの言葉遣いの背景には，どこまでも「根源にあるもの」を追い求めようとする共通の精神が広がっています．

22. 素数の作り方
——フェルマ数とフェルマ素数

1640 年 8 月と推定されるフレニクル宛書簡の中で，フェルマは数 2 の冪 2^x を 2 から始めて 2，4，8，16，32，64，128，256，512，1024，2048，4096，8192，16384，32768，65536 と，16 個まで書き並べ，そのうえでこれらの数よりも 1 だけ大きい数，すなわち 2^x+1 という形の数を観察しました．フェルマの目は「素数か否か」という一点に注がれています．たとえば冪指数 13 は素数ですが，対応する数 8193 は 3 で割り切れますから素数ではありません．また，冪指数 x が合成数の場合を考えると，x 自身が 2 の冪ではない限り，2^x+1 は合成数です．

こんなふうに検討を重ねていくと $2^{2^x}+1$ という形の数が残されますが，これらはみな素数であろうというのがフェルマの予想です．ここで x は 0 も含めて自然数を表しています．今日ではこの形の数はフェルマ数と呼ばれています．はじめのいくつかを並べると，3，5，17，257，65537，4294967297 と続きます．4 番目あたりから急速に大きくなり始め，6 番目の数はすでに 10 桁，もうひとつ先の 7 番目の数は 18446744073709551617 で，実に 20 桁です．

フェルマの言葉には例によって証明は欠けていて，上記のフレニクル宛書簡には「私は完全な証明をもっていない」と記されていますし，それから 14 年後のパスカル宛書簡でも，「まだ証明を完全に見つけることはできない」と告白しています．結局，証明にはいたらなかったのですが，こんなふうに長期にわたって関心を寄せ続けたところを見ると，この命題の正しさによほど強固な確信を抱いていた様子がうかがわれます．

今日では $2^{2^x}+1$ という形の数は「フェルマ数」と呼ばれています．もしフェルマの予測が正しいなら，フェルマ数はすべて素数になることになりますので,「フェルマ素数」という呼称が正当性をもつことになります．ところが，6 番目のフェルマ数は素数ではなく，641 で割り切れて，

$$
\begin{aligned}
2^{32}+1 &= 4294967297 \\
&= 641 \times 6700417
\end{aligned}
$$

と分解されます．因子 641 を見つけたのはオイラーで，1738 年の論文 [E26]「フェルマの定理とそのほかの注目すべき諸定理に関するさまざまな観察」(サンクトペテルブルクの科学アカデミーに 1732 年 9 月 26 日に提出されました）で報告されました．1732 年のオイラーは 25 歳．若いころからフェルマの数論に関心を寄せていたのでした．ちなみに 7 番目の 20 桁のフェルマ数もまた素数ではなく，274177 で割り切れて，

$$
\begin{aligned}
2^{64}+1 &= 18446744073709551617 \\
&= 274177 \times 67280421310721
\end{aligned}
$$

となります．このような巨大な数の約数を手探りで見つけるのは無理で，何かしら理論的な思索が要請されるところです．

フェルマの予想はまちがっていましたが，フェルマは素数が生成される様式に関心を寄せていたのでしょう．素数への着目は古代ギリシアにも見られ，ユークリッドの『原論』にも「無限に多くの素数が存在する」ことが示されていますが，せいぜいそのくらいのことで，素数の配列に何らかの様式が認められるのではないかなどと考えられたことはありません．フェルマ数に着目して，すべてのフェルマ数は素数であると言明したフェルマは，それだけですでに古代ギリシアを越えた場所に立っています．ギリシアから出てギリシアを越えようとするところに，西欧近代の数学の黎明が感じられます．

23. 不定方程式の解法は なぜ数論でありうるか

不定方程式を解く問題は不定解析とかディオファントス解析などと呼ばれることもありますが，一般に複数個の未知数の間に成立する代数方程式の整数解（ときおり分数解のこともあります）の探索が課され，今日の数論の大きな一区域を形成しています．フェルマの大定理に範例を求めると，$x^n+y^n=z^n$ という形の方程式には，$n \geqq 3$ の場合，$x=1$, $y=0$, $z=1$ のような自明な解のほかには解が存在しないことが主張されます．では，このような問題が「数の理論」でありうるのはなぜなのでしょうか．

数の理論なら古代ギリシアのユークリッドの『原論』にもすでに存在し，ラテン語表記ならアリトメチカ（arithmetica）と呼ばれて，素数は無限に多く存在することが語られたり，完全数，すなわち自分自身を除くすべての約数の総和に等しいという，おもしろい性質を備えた数が話題にのぼりました．数といえば自然数のことで，どこまでも数の個性に関心を寄せ続けていくところにアリトメチカの本来の面目がありますが，素数も完全数も不定解析とは関係がありません．

1657 年の 2 月ころと推定される出来事ですが，フェルマがウォリスなどイギリスの数学者たちに宛てて数学の挑戦状を書き送ったことがあります．問題のひとつはある特別の性質を備えた非平方数を見つけることで，その性質というのは，フェルマの言葉をそのまま引くと，

> ある任意の非平方数が与えられたとせよ．そのとき，その与えられた数にある平方数を乗じ，それからその積に 1 を加えると，その積はまたしても平方数になることがある．そのような性質を備えた平方数は無数に存在する．

というのです．非平方数の性質が平方数を媒介して語られています．関心の的は数の個性にあるという一点において，古代ギリシアのアリトメチカの精神がよく踏襲されています．既知量にも未知量にも対等の資格を附与して文字で表すというデカルトのアイデアに沿い，与えられた非平方数を a，乗じられるべき平方数と生成されるべき平方数をそれぞれ x, y で表すと，等式 $ax^2+1=y^2$ が得られます．視点を大きく変換して，これを満たす数 x, y を探索するという方針を打ち出すと，フェルマの問題はたちまち特殊な 2 次不定方程式の問題に変ります．オイラーはこの方向に歩を進め，$ax^2+1=y^2$ を「ペルの方程式」と呼び，数 a の平方根 $\sqrt{a}$ の連分数展開の観察を通じて解を見つけるというアイデアを提案しました．これを継承したのがラグランジュで，ペルの方程式の完全な解決に成功しました．

フェルマが意図した「数の探索」は難問ですが，視点を転換して「ペルの方程式の解の探索」と見るとやすやすと解けました．知的もしくは論理的にはどちらでも同じことですが，同じ問題でも見る方向を変えると，一般の 2 次不定方程式の解法の探究という新しい世界が広々と開かれます．新世界の発見もまた数学的発見であり，オイラーに示唆を得てラグランジュが発見したのでした．2 次不定方程式論の世界はもう古代ギリシアのアリトメチカではありません．

ルジャンドルはオイラーとラグランジュの数論の集大成をめざして『数の理論のエッセイ』(1798 年）という本を書きました．書名に見られる「数の理論（*Théorie des nombres*)」の一語はアリトメチカに代わって数論という言葉が使われた最初の事例です．先例といえば，わずかにラグランジュに「数の学問（*science des nombres*)」の使用例が見られるばかりです．数論という簡潔で即物的な新語には，西欧近代の数学が古代ギリシアを超越した場所に踏み込んだことに寄せるルジャンドルの自覚がはっきりと映されています．

24. ペルの方程式の魅力

フェルマはイギリスの数学者たちに宛てて数学の挑戦状を送付したことがあります．フェルマの全集には2通の挑戦状が収録されていて，第2の挑戦状の日付は1657年2月．そこに，のちに「ペルの方程式」と呼ばれることになる不定方程式の解法に帰着される問題が記録されています．フェルマはまず非平方数a（正の自然数）を任意に指定し，それから，「aに乗じて，その積にさらに1を加えると平方数になるという性質をもつ平方数」を見つけることを要請しました．そのような平方数は確かに存在すること，しかも無数に存在することをフェルマは確信し，証明もすでに手中にあった模様です．探索するべき平方数をx^2とし，ax^2+1を平方数y^2と等値すると，不定方程式

$$ax^2+1=y^2$$

が出現します．オイラーは勘違いしたようで，イギリスの数学者ジョン・ペルの名をとって，これを「ペルの方程式」と呼びました．フェルマが求めたのはあくまでも平方数y^2でしたが，ペルの方程式を書き下すと未知数が二つになり，解を持つか否かの情報はひとえにaに凝縮されていることが諒解されます．オイラーとラグランジュはaの平方根$\sqrt{a}$の連分数展開に着目し，そこからx, yの数値を取り出す道筋を示しました．

フェルマ自身は問題を出しただけで一般的な解答には触れていませんが，簡単な一例として$a=3$の場合を考えています．この場合には等式$3\times1+1=4$, $3\times16+1=49$が成立し，右辺の4と49はどちらも平方数になりますから，平方数1と16は要請に応えています．これは簡単すぎますが，続いてaとして例示された三つの数149，109，433は驚嘆に値します．なぜなら，これらの数値に対応する平方数を算出すると，あまりにも

大きな平方数が現れるからです．
ペルの方程式 $ay^2+1=x^2$ を満たす一番小さい x, y の数値を求めると，$a=149$ のときは $x=25801741449$，$y=2113761020$．y の平方は

$$y^2=4467985649671440400$$

となり，19 桁です．$a=109$ に対しては $x=158070671986249$，$y=15140424455100$．y の平方は

$$y^2=229232452680590131916010000$$

となり，27 桁という巨大な数になります．$a=433$ の場合にはさらに大きくなって，$x=104564907854286695713$，$y=5025068784834899736$．y の平方を求めると，

$$y^2=25251316292322095858983939617172869696$$

と，実に 38 桁に達します．フェルマは無作為に三つの数を提示したのではなく，対応する平方数が著しく巨大になることを強く意識して，故意にそのような数を選定したと見てまちがいありません．19 桁，27 桁，39 桁という巨大な平方数を，フェルマはどのようにして見出だしたのでしょうか．

1 個の平方数が見つかったなら，それを梃子（てこ）にして組織的に無数の平方数が手に入ります．その間のからくりはオイラーとラグランジュの手ですっかり解明されて，ペルの方程式を解くための一般理論が構築されました．理論を重く見るならそれで十分ですし，具体例としては小さい数値について確認するだけでよさそうなところです．ところがフェルマはわざわざ巨大な数値が出現するところに目を留めました．心を惹かれてやまないのは必ずしも一般理論ではない．指定された非平方数 a のいろいろに対応して多種多様な平方数が去来する．数学の神秘はその具体性に宿っていると，フェルマは言いたいのではないかと思います．

25. なぜ5次方程式を解かねばならないか

2次方程式の解法は古くから世界のあちこちで知られていたようですが，3次や4次の方程式を解くのは存外むずかしく，完全に一般的に解くことができるようになったのは西欧がようやく近代に移りつつあるころでした．舞台は16世紀中葉のイタリアで，シピオーネ・デル・フェッロとタルタリアが3次方程式の解法に成功し，4次方程式についてはフェラリが解法を発見しました．単に解法といえば代数的解法のことで，式変形の工夫に解法の秘訣がありました．3次方程式と4次方程式の次は5次方程式の番になるのは自然な成り行きのように見えますし，実際にチルンハウス，ベズー，オイラー，ラグランジュなど，5次方程式の解法の探索が連綿と続いたのですが，この流れは天然自然の湧き水ではなく，源泉には「コギト・エルゴ・スム（われ思う．ゆえにわれあり）」に象徴されるデカルトの特異な思想が横たわっています．

デカルトは古代ギリシアの数学者パップスの著作と伝えられる『数学集録』からひとつの問題を選択しました．与えられたのは正方形ABCDと線分BNの二つです．正方形の辺ACの延長線上に点Eを取り，BとEを結ぶ線分と正方形の辺CDとの交点をFとするとき，線分EFの長さはさまざまに変化します．では，与えられた線分BNと同じになるようにするには点Eをどのように定めたらよいでしょうか．これは難問ですが，パップスはおもしろい解法を知っていました．正方形の辺BDを点Gまで延長し，線分DGとDNが等しくなるようにして，それから線

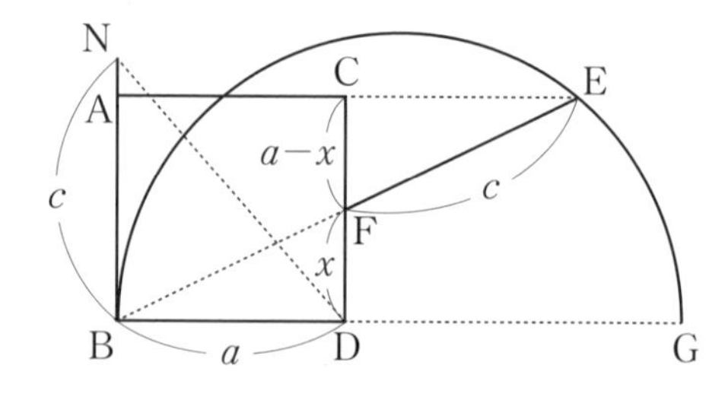

分 BG を直径とする半円を描くと，その半円と辺 AC の延長線との交点 E が求められている点になります (図参照).

DG＝DN となるように点 G を定めたり，半円を描いたり，いかにも巧みな解法ですが，デカルトは「この作図法は，それを知らぬ人にとってはなかなか思いつきにくいものであろう」(デカルト『幾何学』，原亨吉 (訳)，ちくま学芸文庫，以下の引用も同じ) と批判しました．みごとなアイデアに支えられた解法ではありますが，だれもが思いつくというわけにはいきませんし，デカルトの目には明晰判明の欠如と映じたのでしょう．

デカルトは既知量も未知量も差別せず，みな対等に文字で表すという方針を打ち出しました．正方形の辺を a，与えられた線分 BN を c，FD を x で表して，求められている幾何的状況が実現されていると想定して a, c, x の間の関係式を書いていくと x に関する 4 次方程式 $x^4-2ax^3+(2a^2-c^2)x^2-2a^3x+a^4=0$ が出現します．パップスは線分 DG を作図しましたが，「上に提出された方法にしたがって作図を求めるとしても，DG を未知量としてとることはけっして思いつかず，むしろ CF か FD を未知量に選ぶであろう．最も容易に方程式に導くのはこれらの量だからである」というのがデカルトの所見です．4 次方程式ならデカルトは解き方を知っていましたから，やすやすとこれを解き，根の表示式 $x=\frac{1}{2}a+\sqrt{\frac{1}{4}a^2+\frac{1}{4}c^2}-\sqrt{\frac{1}{4}c^2-\frac{1}{2}a^2+\frac{1}{2}a\sqrt{a^2+c^2}}$ を観察して点 F の位置を作図することができました．ボンサンス (良識) の持ち主ならだれでもできる明晰判明な解法です．

式変形のアルゴリズムのみに制御される代数の力を借りるところに秘密があるのですが，もしパップスの問題で出会った方程式が 4 次ではなく，5 次だったとしたらデカルトはどうしたでしょう．高次方程式を解くという新たな問題がこうして発生しました．数学に天然自然の湧き水は存在せず，問題を造型するのはつねに創造者の心です．

26. ガウスの代数方程式論

代数方程式の解法の探究は，15 世紀のイタリアにシピオーネ・デル・フェッロ，フェラリ，タルタリアが出現して 3 次と 4 次の方程式の代数的解法が発見されたのを機に，突如として跳躍台が構築されて新時代を迎えました．それからの成り行きは広く知られているとおりです．デカルト，オイラー，ベズー，チルンハウスなど，多くの人々が次々とおもしろいアイデアを提案して 5 次方程式の解法を試みたものの，だれも成功しませんでした．そこにラグランジュが登場し，先人たちのさまざまな工夫を取り上げて，「方程式の解法とは何か」という根本のところに省察を加えました．この深遠な省察を受けて，アーベルの「不可能の証明」とガロアの「ガロア理論」が成立し，3 次と 4 次の方程式はなぜ解けて，5 次方程式はなぜ解けないのかという理由がすっかり明らかになりました．

おおよそこんなふうに諒解されているのではないかと思いますが，ラグランジュとアーベル，ガロアの間にもうひとり，重要な人物が存在します．それはガウスです．

ガウスは高次の一般方程式の解法について考察した一時期がありました．アーベルの苦心の「不可能の証明」なども早くから見通していましたが，そんなことはあたりまえと言いたそうな片言隻句を 1801 年の著作『アリトメチカ研究』などに書き残しているばかりで，手持ちの証明を公表することはありませんでした．ところがガウスが若い日に書き始めた《数学日記》を概観すると，代数方程式論の考察の痕跡がわずかに顔を出していて，心を惹かれます．

《数学日記》は 146 個の項目で編成されています．次に挙げるのは第 34 番目の項目です．

《$x^n + ax^{n-1} + bx^{n-2} \cdots = y$ と置くとき，x に関する方程式から

y に関する方程式を見つけるための簡単な方法．1796 年 9 月 16 日》

未知数 x の代数方程式において，$x^n+ax^{n-1}+bx^{n-2}+\cdots=y$ という形の変換（チルンハウス変換）を行って y に関する方程式を作ると，与えられた方程式を代数的に解く道筋が開かれることがあります．チルンハウスはこの方法で 3 次と 4 次の方程式を解いたのですが，ガウスは同じ方法で高次方程式を解こうとしていたのでしょう．

《数学日記》の第 37 項目でも代数方程式が語られています．《方程式の一般的解法を探究して，おそらくはそれを見つけることを可能にしてくれる新しい方法．すなわち，方程式は，$\alpha\rho'+\beta\rho''+\gamma\rho'''+\cdots$（註．ラグランジュの分解式）を根とする他の方程式に変換される．ここで，$\sqrt[n]{1}=\alpha,\beta,\gamma,\cdots$ である．n は方程式の次数を表す．1796 年 9 月 17 日》

1796 年 9 月のガウスは満 19 歳です．この時期のガウスは方程式の代数的解法の可能性を確信していたのでしょう．ガウスといえどもはじめから「解けない」と思ったわけではないことがわかりますが，短い間のこととはいえ，まちがった確信を抱いたことをひそかに恥じたのではないでしょうか．だれも知らないガウスひとりの秘密です．後年，アーベルははじめ 5 次方程式の代数的解法を発見したと思い，のちにガウスの『アリトメチカ研究』を見てまちがいに気づき，解けないことを証明する論文を書いてガウスの目に触れることを期待してガウスの友人のシューマッハーのもとに送りましたが，ガウスは一顧だにせず，そのためにアーベルは不快感を抱くことになりました．ガウスの目に映じたアーベルは若い日の自分そのままでした．嫌なものを見せられたガウスもまた不愉快で，アーベルとガウスはついに会う機会がありませんでした．

27. 等式から合同式へ

ガウスの最初の著作『アリトメチカ研究』は数論に主題を求めたもので，ラテン語で表記されています．書名は Disquisitiones arithmeticae. わずか二つの単語しか見られませんが，そのまま訳出すると「アリトメチカに関するいろいろな研究」というほどのことになります．1801 年に刊行されました．その 3 年前にルジャンドルの著作『数の理論のエッセイ』が刊行されています．書名の原語表記は “Essai sur la Théorie des nombres” で，ここには「数の理論（Théorie des nombres）」という言葉が明記されています．ルジャンドルはフェルマ，オイラー，ラグランジュと続く西欧近代の数論の流れの集大成をめざしたのですが，まさしくその場面において書名に選ばれたのは，古典ギリシア以来の伝統を担うアリトメチカの一語ではなく，「数の理論」という即物的な言葉でした．今日では「数の理論」「整数論」「数論」という言葉が広く行われ，「アリトメチカ」はすっかり影が薄くなりました．

ガウスは「合同式の世界」を構築し，ルジャンドルのいう「数の理論」とはまったく異質の数論を繰り広げました．『アリトメチカ研究』の最初の四つの章「数の合同に関する一般的な事柄」「1 次合同式」「冪剰余」「2 次合同式」には，オイラーとラグランジュを語る言葉が随所に見られます．文献が指示されて，自分が合同式の世界で遂行したことと同じことがすでになされているという主旨の指摘が大半で，挙げられている事例をみると「等式の世界」から「合同式の世界」へと移り行くガウスの心情が透けて見えるような思いがします．一例を挙げると，ガウスは次数 m の合同式

$$Ax^m + Bx^{m-1} + Cx^{m-2} + \cdots + Mx + N \equiv 0 \pmod{p}$$

$$(A, B, C, \cdots, M, N \text{ は整数})$$

を書き，p は A を割り切らない素数とするとき，この合同式は p に関して非合同な解を m 個より多くもつことはないと主張しましたが，証明の後に，「この定理はラグランジュによってはじめて提示され，証明された」と註記しました．

ガウスがいうのはラグランジュの論文「整数による不定問題の新しい解法」のことで，ラグランジュはそこで整係数不定方程式

$$Ay = B\theta^n + C\theta^{n-1} + D\theta^{n-2} + \cdots + K$$

の整数解を求めるという問題を提示して，「A が素数の場合には，右辺 $\alpha = B\theta^n + C\theta^{n-1} + D\theta^{n-2} + \cdots + K$ の値が A で割り切れるような θ の値は，$-\dfrac{A}{2}$ と $+\dfrac{A}{2}$ の間に高々 n 個存在する」と述べたのでした．合同式の言葉に直せばガウスの定理と同じことになり，ガウスの言葉のとおりです．

ガウスはもうひとつ，オイラーの論文「素数による冪の割り算から生じる剰余に関する諸証明」を挙げて，「（オイラーは）合同式 $x^n \equiv 1$ は相異なる n 個より多くの根をもちえないことを証明した」「この合同式は特殊なものだが，このすぐれた幾何学者が用いた方法はあらゆる合同式に容易に適用することができる」と指摘しました．オイラーの論文を参照すると，オイラーが表明したのは「形式 $x^n - 1$ が素数 P で割り切れるように $x < P$ を定めなければならないとするとき，そのようなことを n 通りより多くの仕方で行うことはできない」という定理です．ガウスの言葉に移せば，合同式 $x^n \equiv 1 (\mathrm{mod.}\, P)$ の根の個数は n を越えないという主張と同じことになります．ラグランジュやオイラーの定理のほかに，「フェルマの小定理」や「原始根」の概念などもみな合同式の言葉に言い換えられて，緊密な連繋を保ちつつ，ガウスが開いた数論の新世界の土台になりました．

28. 原始根の神秘

ヨハン・ハインリッヒ・ランベルトの名は，円周率 π が無理数であることの証明に成功した人としてわずかに耳にしたことがあるだけで，人と学問について知るところはとぼしかったのですが，ガウスの著作『アリトメチカ研究』を読み進めていたときにその名に遭遇してはっとしたことがあります．すでに 30 年余の昔日の出来事です．ガウスは奇素数の原始根についてあれこれを語りながら，原始根ならランベルトも知っていた，と言い添えたのでした．ランベルトの生誕日は 1728 年 8 月 26 日．生地はドイツ語ではミュールハウゼン，フランス語ならミュルーズという名のアルザス地方の都市で，現在はフランスに属しています．ランベルトが生きた 18 世紀には一都市でありながら同時に一共和国でもありました．1764 年，ランベルトはオイラーの招聘を受けてベルリンに向い，その地の科学文芸アカデミーに所属しました．それから 2 年後の 1766 年にはオイラーはベルリンを離れ，古巣のサンクトペテルブルクの科学アカデミーにもどっています．

原始根の概念の淵源は「フェルマの小定理」です．奇素数 p と p で割り切れない数 a に対し，（ガウスの語法を用いると）合同式 $a^{p-1}\equiv 1(\mathrm{mod.}\,p)$ が成立するというのがフェルマの小定理です．ところが数 a の中には，冪指数 $p-1$ の冪を作る前に $p-1$ のある約数に等しい冪を作るだけですでに 1 と合同になることがあります．そこで，そのようにならずにきっかり $p-1$ 次の冪を作ってはじめて 1 と合同になる数 a のことを，オイラーは 1774 年の論文「素数による割り算から生じる剰余に関する諸証明」において p の原始根と呼びました．刊行に先立って，この論文は 1772 年 5 月 18 日にサンクトペテルブルクの科学アカデミーに提出されていますが，この日はもうひとつ，「平方数ならびにいっそう高次の冪の，素数による割り算の結果として残される剰余に関するより精密な研究」(1783 年刊行) という論文も提出されました．

ランベルトは 1769 年の論文「数に関する二, 三の所見とその解剖」でフェルマの小定理を語り，それから数 2 の冪を次々と作って 13 で割ると，冪指数 12 の冪にいたってはじめて剰余が 1 になることを観察し，さらに歩を進めて任意の奇素数 a に対してもそのような数 m のことを語りました．原始根に心を向けている様子がはっきりと感知されますが，存在証明が必要であることを自覚している様子は見られません．この点についてはガウスも指摘しています．ランベルトとオイラーの論文の時系列を考えると，原始根に目を留めた最初の人はランベルトだったのかもしれず，証明が必要であることを自覚した最初の人はオイラーということになりそうです．もっともフェルマの小定理の証明にはじめて成功したオイラーが原始根に気づいていないとは考えにくく，かえってランベルトはオイラーがベルリンを離れる前に教わっていたのかもしれません．

ガウスは，「オイラーを除いてだれも証明を試みようとはしなかった」と指摘して，「オイラーは，このような数を指定するのはきわめて困難に思われること，そうしてその本質的性質は，もっとも奥深い場所に秘められている数の神秘のひとつに数えられるべきであることを告白している」と言い添えました．「もっとも奥深い場所に秘められている数の神秘」の原語は ad profundissima numerorum mysteria esse referendam ですが，オイラーが 1772 年 5 月 18 日にサンクトペテルブルクの科学アカデミーに提出し，1783 年になってようやく刊行された論文を参照すると，まったく同じ言葉がそこに見られます．ランベルトになく，オイラーにははっきりと認められる原始根の神秘感．その感受性に寄せる共鳴と共感に支えられて，ガウスは原始根の存在証明に成功したのでした．

29. 初等整数論とは何か

初等整数論という言葉は今ではごく普通に使われていますが，日本の文献を参照して初出をたどると，昭和6年（1931年）に共立社書店（共立出版の前身）から刊行された高木貞治先生の著作『初等整数論講義』にたどりつくのではないかと思います．全体は大きく6個の章に分かれていて，冒頭の第1章には「初等整数論」という章題が附されています．以下，連分数（第2章），2元2次不定方程式（第3章），2次体 $K(\sqrt{-1})$，$K(\sqrt{-3})$ の整数（第4章），2次体の整数論（第5章）と続き，付録もあって，イデヤル論などが叙述されています．第2章以下で取り上げられているテーマはもう初等整数論の範疇をはみだしています．

第1章の話題を見ると，「整数の整除」に始まり，「最大公約数，最小公倍数」「1次の不定方程式」「素数」「附記素数の分布」「合同式」「1次合同式」「合同式解法の概論」「オイラーの関数 $\varphi(n)$」「1の n 乗根」「フェルマの定理」「附記循環小数」「原始根，指数」「平方剰余，Legendre の記号」「平方剰余の相互法則」「ヤコビの記号」と続きます．合同式の世界において平方剰余相互法則あたりをめざして歩を進めている様子がうかがわれますが，それならガウスの著作『アリトメチカ研究』（全7章，1801年）のはじめの四つの章の内容とおおよそ合致します．ガウスの数論にも初等的整数論が存在するのでした．

ガウスは合同式の世界を構築し（第1章），素因数分解の一意性を証明して1次合同式の解法を語り（第2章），冪剰余の理論（第3章），2次合同式（第4章）へと進みます．2次合同式の理論は平方剰余の理論と同じもので，ガウスは第4章で平方剰余相互法則を提示して，数学的帰納法による証明を書きました．平方剰余相互法則が到達目標に考えられているあたりは高木先生の著作と同じです．この目標に先立ってさまざまな命題が次々と紹介されます．それらの中で，一見してこの法則とは無関係のように見えながら，しかも読む者の心に際立った印象を刻むのはフェルマの小定理です．発見者のフェルマに固有の心情はそれはそれとして，ガウスにはこの命題を重く見る独自の理由がありました．この命題には原始根の姿が透けて見えるのです．

原始根の存在を証明するために，任意の奇素数 p と $p-1$ の約数 d（1 と $p-1$ も除外されません）に対してガウスは二つの数論的関数を導入しました．ひとつはオイラーの関数 $\varphi(d)$ で，「d と素で，しかも d より大きくない正の数の個数」を表します．もうひとつは「p よりも小さくて，しかもその d 次の冪が 1 と合同になる最低次の冪であるという性質を備えた数の個数」を表す関数で，ガウスはこれを $\psi(d)$ と表記しました．ガウスが証明したのはこの二つの関数が一致することを示す等式 $\varphi(d)=\psi(d)$ で，原始根の存在がこれで明らかになります．なぜなら，奇素数 p の原始根の個数を表す関数値 $\psi(p-1)$ は $\varphi(p-1)$ に等しく，しかも $\varphi(p-1)$ は 0 ではないからです．いかにも神秘的な印象の伴う原始根ですが，ガウスが重視した理由は『アリトメチカ研究』の第 7 章の円周等分論のためで，円周等分方程式が巡回方程式であることを示して解の構造を明らかにするためには原始根が必要不可欠なのでした．この手順を通じてガウスの和が手に入り，その数値決定を通じて平方剰余相互法則の証明への道が開かれますが，そこにガウスの真意が宿っています．

平方剰余相互法則のための土台として機能するところにガウスの初等整数論の特色があり，そのまま今日のすべての初等整数論の原型になりました．

30. ガウスによる平方剰余相互法則の証明の数え方

クロネッカーは「相互法則の歴史について」(1875 年) という論文で平方剰余相互法則の発見と証明の歴史を回想し，オイラーの諸論文を考証して，最初に発見したのはオイラーであることを明るみに出しました．ただし，オイラーには証明を試みた痕跡はありません．証明を試みた最初の人はルジャンドルですが，ガウスが手きびしく指摘したとおり，ルジャンドルの証明には不備が多すぎました．そのガウスは証明に成功した最初の人になり，しかもいろいろな証明を試みています．

ガウスは平方剰余相互法則を何通りの仕方で証明したのでしょうか．1801 年の著作に『アリトメチカ研究』(以下，D.A. と略称) があり，数学的帰納法による第 1 証明 (第 4 章) と 2 次形式の種の理論に基づく第 2 証明 (第 5 章) が報告されました．ここまでは議論の余地はありませんが，第 3 番目に数えるべき証明の特定をめぐって多少の混乱が発生します．D.A. の第 7 章のテーマは円周等分方程式論で，ここに「ガウスの和」が現れて，絶対値の数値が求められました．なお一歩を進めて符号決定に成功すれば，そこから平方剰余相互法則のひとつの証明が取り出されるというところに，ガウスの真意が宿っています．ところが，成功すれば第 3 証明になるはずのところ，大きな困難にはばまれて，D.A. に記載することができませんでした．他方，D.A. には収録されなかった「幻の第 8 章」が存在し，ガウス全集の第 2 巻に「合同に関する一般的研究．剰余の解析．第 8 章」という表題を附された遺稿が収録されています．そこに二つの証明が記されています．次に引くのはガウスの言葉です．

《したがって，これは基本定理 (註．平方剰余相互法則のガウスによる呼び名) の第 3 の完全な証明である．この証明が導出される根本の原理は，以前の証明のために用いたものとはまったく異なっている．それだけにいっそう，この証明は注目に値するのである．ところがまさしくその泉から，反対向きの道をたどることにより，第 4 の証明が導かれる．》

この 2 証明とは別に，1808 年の論文「アリトメチカの一定理の新しい証明」では初等的証明が報告されました．『数学日記』の 1807 年 5 月 6 日付の第 134 項目に，「基本定理のまったく新しい証明が，完全に初等的な原理に基づいていることを明らかにした」と記されています．この証明には番号が附されていません．ちょうどこの時期にガウスは「ガウスの和」の符号決定に成功し，そこから新たな証明を取り出しました．『数学日記』の 1805 年 5 月半ばの第 118 項目では「第 5 の方法」と呼ばれているのがそれで，1808 年 8 月 24 日にゲッチンゲン王立科学協会で報告されています．D.A. の第 8 章で公表が予定されていた第 3，4 証明に続く証明と認識した様子がうかがわれますが，これを詳述した 1811 年の論文「ある種の特異級数の和」では「第 4 の方法」と明記されました．1805 年の時点で未公表のままの第 8 章の 2 証明を数えれば第 5 証明になり，数えないことにすれば第 3 証明です．ところがそれを公表する前に初等的証明が得られました．それを第 3 証明と呼ぶという文言が書き留められたわけではありませんが，事実上第 3 番目と見ることにして，「ガウスの和」による証明は第 4 証明になったのでしょう．このあたりがややこしいところですが，ともあれこれで公表済の証明は四つになりました．

1818 年の論文「平方剰余の理論における基本定理の新しい証明と拡張」を参照すると，新たに二つの証明が報告されて，それぞれ「第 5 証明」「第 6 証明」と名付けられました．遺稿になった D.A. の第 8 章に記された未公表の 2 証明を合せると計 8 通り．それらの 2 証明は根本原理が同一ですからひとつの証明と見ると，計 7 通り．ガウスによる証明はこれで全部です．

31. 平方剰余の理論との別れ

ガウスは完成の域に達した作品だけを世に問い，しかも思索の足場を残さなかったと言われることがありますが，実際に論文や著作に目を通すと，随所に肉声が響いています．

最初の著作『アリトメチカ研究』(1801 年) はガウスが 24 歳のときの作品です．巻頭に長い序文が配置されていて，数論研究に向かうきっかけになった一番はじめの出来事が詳細に語られています．ガウスは「事の次第を告げておかなければならないのではないかと思う」と説き起こし，1795 年のはじめのころの回想に向かいました．何かしら別の研究に打ち込んでいたさなかにたまたま「あるすばらしいアリトメチカの真理」を発見したとガウスは言うのですが，その真理とは今日の数論の言葉では平方剰余相互法則の第 1 補充法則のことで，素数 p を法とする 2 次合同式 $x^2 \equiv -1 \pmod{p}$ の可解条件「$p \equiv 1 \pmod{4}$」を指しています．片々たる一事実のように見えるにもかかわらず，ガウスの目には氷山の一角と映じたようで，水面下の巨大な氷塊を感知して深い感動に襲われた様子が率直に語られています．ガウスは平方剰余相互法則の本体や第 2 補充法則を発見するとともに証明にも成功し，高木貞治先生の類体論へと続く 100 年余の数論史がこうして歩みを運び始めました．すべてのはじまりは 1795 年の年初に少年のガウスのもとに訪れたひとつのすばらしい真理だったことは決して忘れられません．

『アリトメチカ研究』には平方剰余相互法則の 2 通りの証明が叙述されましたが，これだけでは満足できなかったようで，「アリトメチカの一定理の新しい証明」(1808 年)，「ある種の特異級数の和」(1811 年) と別証明の報告が続きました．平方剰余相互法則を包み込むような，何かしらいっそう大きなものの姿を探索していた様子がうかがわれて心を惹かれますが，ガウスは

1818 年の論文「平方剰余の理論における基本定理の新しい証明と拡張」においてこの間の心情を吐露しています．この論文で報告されたのは平方剰余相互法則の「すでに 9 年前に約束しておいた新しい証明」です．公表が 9 年も遅れたのは特別の理由があったのだとガウスは前置きし，それから 3 次剰余と 4 次剰余の理論を語るのでした．

3 次剰余と 4 次剰余の理論という，平方剰余の理論よりもはるかに困難なテーマに向けて思索を開始したのは 1805 年．平方剰余相互法則と類似の諸定理は帰納的な道筋をたどることにより易々と見つかりましたが，証明は存外にむずかしく，さまざまな試みはことごとく退けられました．そこでガウスは平方剰余相互法則のいろいろな証明を検証し，「相異なる多くの方法のうちのどれかしらは，同じ仲間のテーマの吟味に寄与しうるのではないかという希望を抱きつつ，平方剰余に関する既知の証明になお別の証明を付け加えようとして，私は大いに骨を折った」というのでした．異なる原理に基づく 8 通りもの証明を探索するという，いかにも謎めいた出来事の真実の理由がこうしてはっきりと明かされました．はたしてガウスの望みはかなえられました．「たゆまぬ研究はついに幸福な成功をもって飾られた」とガウスは宣言し，「近々，私は研究の成果を公表することができるであろう」と予告して，さてそれから，この困難な仕事に着手する前に，再度平方剰余の理論に手をもどしました．平方剰余相互法則の別証明（第 5 証明と第 6 証明）を報告し，語るべきことをみな語り，1795 年以来親しみを深めてきた平方剰余の理論に対して「別れを告げる決心をした」（ガウスの言葉）のですが，新たなはじまりが実を結ぶであろうという見通しに確信がもてるまでに，実に 9 年の歳月を要しました．真に恐るべきは数学に心を寄せ続けてやまないガウスの姿です．

32. アリトメチカの舞台は拡大する ——ガウスの決意

ガウスは1818年の論文「平方剰余の理論における基本定理の新しい証明と拡張」において，3次と4次の冪剰余の理論のはじまりを「1805年」と明記しましたが，もしかするとこの数字はガウスの勘違いだった可能性があります．実際，ガウスの《数学日記》を参照すると，1805年には関連する記事はまったく見あたらず，1807年2月5日になってはじめて，「3次および4次の剰余に関する理論が開始された」と記されました．高次冪剰余の理論への第一歩が踏み出された日として数論史に記録されるべき日付です．もっとも1801年の著作『アリトメチカ研究』にはすでに高次合同式 $x^n \equiv A (\mathrm{mod}\, p)$ が書き留められているところを見ると，ガウスの脳裡には，たとえおぼろげながらではあっても早くから高次冪剰余の理論が描かれていたのかもしれません．1807年に始まる考察は順調に進展したようで，《数学日記》の記事を追うと，二日後の2月17日には「ずっときれいに完成されて姿を現した．証明はなお欠けている」と記され，この時点では欠如していた証明も，2月22日には，「今やこの理論の証明が，ある非常に優美な方法によってみいだされ，すっかり完成した」と伝えられました．しかも「これ以上望むべきことは何も残されていない」とさえ言い添えられているほどです．2月24日にも4次乗除の理論の記事があり，4月30日にはパリのソフィー・ジェルマンに宛てて手紙を書いて，この時期の研究で得られたおもしろい結果のいくつかを報告しています．

実にめざましい状況のように見えるのですが，ガウスはどうも何かが気に入らなかったようで，1813年になって，「4次剰余の一般理論の基礎を確立しようとして，およそ7年にわたってこのうえない情熱を傾けて探究を続けたが，何も実を結ばずに終わるのが常であった．それを，幸福なことに，わたしたちに息子が生れたのと同じ日についに明るみに出した」と日記に書きました．日付は10月23日．この日に誕生したのは次男ヴィルヘルム．足掛け7年に及ぶ情熱のあふれる探索の対象は4次剰余の理論の（個別の命題ではなく）一般理論の基礎でした．この日，ガウスは4次剰余相互法則の発見に成功したのでしょう．平方剰余相互法則の場合のように有理整数域において探索しても4次剰余の理論に所属する法則のようなものはいくつも見つかりますが，それらはみな大きな山塊の一角にすぎないように思われたところに，ガウスの不満がありました．4次剰余の理論の全容を明るみに出すための鍵をにぎるのは「数域の拡大」というアイデアであり，単一の簡明な法則はガウス整数，すなわち $a+b\sqrt{-1}$（a, b は有理整数）という形の複素数の作る数域に移行してはじめて出現することにガウスは気づいたのでした．

摘まれた果実が実際に世に出るまでにはなお歳月を要し，「4次剰余の理論」という表題の2論文のうち，第1論文は1828年，第2論文は実に1832年になってようやく公表されました．第2論文の序文には，今しも数域の拡大に向かおうとする際のガウスの心情が率直に吐露されています．ガウスは「これまでに用いられていたアリトメチカの諸原理は一般理論を確立するためには決して十分ではなく，高等的アリトメチカの領域をほとんど無限に拡大することが必然的に要請されるという一事を認識」し，「一般理論の真実の泉の探索は，アリトメチカの領域を拡大して，その中で行わなければならないという確信に到達した」というのです．「4次剰余に関する諸定理はアリトメチカの領域を虚の量にまで広げて，制限なしに，$a+b\sqrt{-1}$ という形の数がアリトメチカの対象となるようにしてはじめて，際立った簡明さと真正の美しさをもって明るい光を放つのである」と，強い自覚に裏打ちされた言葉が続きます．自覚と確信．ひとり前に進もうとする孤高の決意．それはそれ自体がひとつの偉大な数学的発見でありました．

33. 超越数は存在するか

印度哲学の玉城康四郎先生は若い日の読書を回想して道元を語り，強い力で心をつかまれながらも，実際に読む前から「学んでもおそらく理解できまい」という危惧の念が先立っていたと語ったことがあります．中央公論社の叢書「日本の名著」の第7巻に『道元』があり，責任編集者の玉城先生は巻頭に「道元思想の展望」という長文の論説を寄せて，道元との出会いの情景をそんなふうに再現しています．一読して即座に念頭に浮かんだのはクロネッカーのことでした．クロネッカーの全集は全5巻．解読を志して眺めていたころのことですが，ただ眺めるだけですでにどの頁にも魅力が感知され，共感し，共鳴し，読んでみたいという気持ちに駆られるにもかかわらず，同時に「読んでも何もわからないだろう」という相反する心情へと誘われたものでした．

クロネッカーは他の追随を許さない特異な数学観の持ち主でした．ハインリッヒ・ウェーバーの伝えるところによると，クロネッカーは「整数は神が作ったが，他のすべては人間の作ったものである」と語ったということです．クロネッカーのいう整数は die ganzen Zahlen という言葉の原義のとおり，分数のような不完全な数ではなく，さながら満月のような数のことで，古典ギリシア以来の 1，2，3，…という数，今日の語法でいう自然数のことなのでしょう．

クロネッカーの数学観は他の数学者たちとの間でしばしば軋轢を生みました．微積分の基礎にボルツァーノ＝ヴァイエルシュトラスの定理があり，「実数の作る有界数列は収束する部分列をもつ」ことが主張されますが，クロネッカーはその証明も気に入りませんでした．1886 年のベルリン大学での講義ではリンデマンによる円周率の超越性の証明（1882 年）に言及し，「美しい証明だが，無意味だ．なぜなら超越数というものは存在しないからだ」と不思議な言葉で批評を加えました．いわんや超越数は無限に存在するというカントールの証明などはクロネッカーにとって何の意味もないものでした．

17 世紀の終りかけのころ，微積分の誕生を告げるライプニッツの 2 論文を見たベルヌーイ兄弟は，まるでエニグマだという感想を抱いたということです．得体の知れない神秘を秘めた何物かを見てしまったという感慨がエニグマの一語に託されていますが，知的な理解の及ばない深遠な魅力に心を打たれた様子もまたありありと伝わってきます．それならクロネッカーの言葉も同じことで，すべてが統合されて一個の巨大なエニグマを形成し，知的な理解を峻厳に拒絶しながらも見るものの心を絶えず惹きつけてやみません．

数の超越性というのは「代数的ではないこと」を意味していますから，「超越数は存在しない」というのであれば「代数的な数もまた存在しない」ということになります．ところが代数的な数の概念を規定する文言は確かに存在し，該当する数もまた無数に存在します．これに加えて円周率のように代数的ではない数も存在することが正しく証明されたのですから批判の余地はなさそうですが，それにもかかわらず「存在しないものの存在を美しく証明した」とクロネッカーはいうのでした．

クロネッカーの不思議な発言の秘密は「代数的な数」という概念それ自体にひそんでいることも考えられます．リンデマンの証明が現れた 1882 年にはクロネッカーの長篇「代数的量のアリトメチカ的理論の基礎」が『クレルレの数学誌』第 92 巻に掲載されています．おりしもデデキントの手で今日の代数的整数論の枠組みが提案されつつある時期でもありました．二人の間で数論の基礎の構築をめぐって理論上の対立があったことが予感され，超越数の存在を否定し去ろうという言葉もまたそのあたりから発せられたのかもしれません．

34. デデキントの代数的整数論（その 1）

リンデマンは円周率 π の超越性を示し (1882 年)，それに先立ってエルミートは自然対数の底 e の超越性を明らかにしましたが，超越数というのは代数的ではない数のことですから，リンデマンとエルミートは代数的数の概念を前もって自覚していたことになります．ではこの概念を一番はじめに提示したのはだれなのでしょうか．また，何のために提案されたのでしょうか．時系列がいくぶん微妙ですが，デデキントとクロネッカーは数論の場において代数的数を語りました．しかもその数論というのはガウスの数論にほかなりません．

デデキントはガウスと同じブラウンシュヴァイク公国の同名の町ブラウンシュヴァイクに生れました．ガウスのいるゲッチンゲン大学に入学したのは 1850 年．1852 年，ガウスの指導のもとで学位を取得し，1854 年には教授資格試験にも合格して私講師となりました．翌 1855 年 2 月 23 日にガウスが亡くなりました．後任はディリクレです．デデキントはたちまち親しくなって，すでに私講師でありながらディリクレの講義にみな出席しました．

1856 年から翌 1857 年にかけての冬学期のディリクレの講義のテーマは数論でした．ディリクレは 10 代の若い日に数学修業のためにパリに向うおりにすでにガウスの著作『アリトメチカ研究』を携えていたというほどで，生涯この書物を身辺から離しませんでした．そのディリクレがガウスにゆかりのゲッチンゲン大学でガウスの数論を講義するというのですから，数学史上に特筆に値する出来事と言わなければなりません．25 歳の若いデデキントはその歴史的な講義に出席し，講義ノートを作り，後年，講義の全容を復元して『ディリクレの数論講義』を刊行しました．

初版は 1863 年刊行．それから第 2 版（1871 年），第 3 版（1879－1880 年）と続き，1894 年には第 4 版に達しました．巻末にデデキントによる「補遺」が附せられましたが，第 3 版にいたって第 11 番目の補遺「代数的整数の理論」が加わりました．クロネッカーの論文「代数的量のアリトメチカ的理論の概要」（1882 年）とともに，今日の代数的整数論の淵源と見られる作品です．デデキントは「ガウスの複素整数の理論」から説き起こしました．ガウスは 4 次剰余の理論の基本定理（4 次剰余相互法則）を追い求めて数論の場を複素数域に拡大する決意を固め，複素整数（ガウス整数）の概念を導入しましたが，デデキントの目には複素整数は代数的数の雛形と映じたのでした．

ガウスのねらいは 4 次剰余にとどまらず，当初から一般に高次冪剰余の理論の基本定理（高次冪剰余相互法則）の発見と証明がめざされていましたが，これを実現するためには，ガウスのアイデアに基づいてクンマーがそうしたように，適切な複素数域の舞台を定めてイデアルの理論を構築する必要がありました．代数的数と代数的整数の概念規定が重い意味合いを帯びるのは舞台設定の役割を担うからですし，イデアルの概念を語る場面では，デデキントはゲオルク・カントールが提案した無限集合論の言葉を借りました．斬新な工夫が随所に見受けられますが，ただひとつ，肝心かなめの高次冪剰余の理論が語られることはありませんでした．

デデキントはディリクレが描いたガウスの数論を一枚の絵と思いなし，いわば堅牢な額縁を製作したのでした．数論のほかにもリーマンのアーベル関数論の代数的理論を作ったり，有理数の切断の概念に基づいて実数論を構成するなど，デデキントは理論構成の様式それ自体に深い関心を寄せる人で，さまざまな提案を通じて今日の数学の始祖たちのひとりになりました．

35. デデキントの代数的整数論（その2）

1855年，ガウスの後継としてゲッチンゲン大学に赴任したディリクレはさまざまな講義を担当しましたが，その中に数論の講義がありました．1855年のディリクレは満50歳．ガウスの著作『アリトメチカ研究』に深い敬意を払い，絶えず座右に置いて親しみを深めていたというほどの人物が，50代にさしかかってはじめて独自の言葉でガウスの数論を語り始めたのでした．聴講者の中に私講師のデデキントがいて，ディリクレの没後，講義を再現して『ディリクレの数論講義』を刊行しました．初版の刊行は1863年．デデキント自身の長文の補遺が附されました．第3版で新たに加えられた第11番目の補遺は「代数的整数の理論」で，これが今日の代数的整数論の原型です．第4版にいたって完全に書き換えられて面目を一新しています．ガウスの数論がディリクレを経てデデキントの手にわたり，3世代の歳月ののちに代数的整数論へと変容したのでした．

デデキントはガウスの複素整数の理論から説き起こしました．数論に本質的に新しい道を開いたのは整数の概念の拡大という出来事で，はじめの一歩を歩んだのがガウスであるからというのがその理由です．複素整数というのは，a, b は有理整数として $a+b\sqrt{-1}$ という形の複素数のことで，今日の語法ではガウス整数と呼ばれています．ガウスは4次剰余の理論の舞台として数域の拡大が不可避であることを自覚して，有理整数域より広い場所を複素数域に求めようと決意したのですが，当然のことながらデデキントはここでガウスの「4次剰余の理論」の第2論文（1832年）を挙げています．ところがガウスが話題にのぼるのはこれですべてです．デデキントは引き続き数体，代数的整数，イデアルなどの基礎的諸概念を次々と明快に規定して，まっすぐに一般理論の構築に向います．いくぶん狐につままれたような気分におちいるのはまさしくここのところです．ガウスが数域を拡大する決意を新たにしたのは4次剰余の理論を構築し，4次の冪剰余相互法則の全容を明るみにだすためでした．では，そのガウスから出発したデデキントの代数的整数論は何のための理論なのでしょうか．

デデキントは後年の現代数学の萌芽をいくつも育みました．代数的整数論の枠組みを組み立てたのは顕著な一例で，諸概念の実体化の工夫に独自の創意が現われています．実数論を例にとると，1858年の秋，スイス連邦工科大学チューリッヒ校に赴任して微積分の講義を担当することになったデデキントは，「単調に増大する有界数列は収束する」という定理の証明にあたり，数の理論の基礎が欠如していることを痛感したということです．デデキントの著作『連続性と無理数』(1872年) の序文で伝えられている消息です．あたりまえのように見えるにもかかわらず証明ができないのはなぜかというと，収束していく先の「数」というものに観念のみがあって実体がなく，言葉による描写が届かないからです．そこでデデキントは同時代のカントールの無限集合論の言葉を借りて，(有理数まではすでに手中にあるものとして) 無理数を「有理数の切断」として把握するというアイデアを提示しました．これで証明が可能になり，微積分の基礎が固まりましたが，数の観念の側から見れば別段変化はなく，ただざまざまな衣裳のひとつが提案されたということにすぎません．

言葉による描写がすみずみまで行き届けば観念はみな実体化し，まざまざと見えるようになり，理論の透明度が高まります．デデキントは長い歳月にわたってそのような精密な作業を丹念に積み重ねた人でした．

36. 抽象と具象の分れ
——ルジャンドルが書いた相互法則

クロネッカーの考証によると，平方剰余相互法則を一番はじめに発見したのはオイラー，証明を試みた最初の人はルジャンドルです．ただし，ルジャンドルの証明では存在証明が必要ないろいろな補助的素数が証明なしで使用されていて，しかもそれらの中には平方剰余相互法則とほとんど同等のものさえあるというふうで，論証が不十分でした．正しく証明した最初の人はガウスです．平方剰余相互法則という呼称の由来をたずねると，いくぶん錯綜とした事実に遭遇します．ルジャンドルは「二つの奇素数の間の相互法則」と呼び，ガウスは「平方剰余の理論の基本定理」と呼びました．それぞれの呼称から「相互法則」「平方剰余」というキーワードを抽出して組み合せると平方剰余相互法則の一語ができあがります．

ルジャンドルはオイラーやガウスに比べると創造性において見劣りがするような印象がありますが，ルジャンドル記号の考案は光っています．フェルマの小定理は，奇素数pとpで割り切れない整数aに対し，$a^{p-1}-1$はpで割り切れることを教えています．そこで因数分解

$$a^{p-1}-1=\left(a^{\frac{p-1}{2}}-1\right)\left(a^{\frac{p-1}{2}}+1\right)$$

を実行すると，冪$a^{\frac{p-1}{2}}$をpで割るときの余りは，$-\dfrac{p}{2}$と$+\dfrac{p}{2}$の間にとるとき，$+1$と-1のいずれかであることがわかります．この観察に基づいて，ルジャンドルはルジャンドル記号$\left(\dfrac{a}{p}\right)$の値を，前者の場合に$\left(\dfrac{a}{p}\right)=1$，後者の場合に$\left(\dfrac{a}{p}\right)=-1$と定めました．今日の初等整数論ではこれとは違い，ガウスの考え方を受けて，aがpの平方剰余であるか否かに応じてルジャンドル記号の値を$+1$もしくは-1と定めます（ガウス自身はルジャン

ドル記号を使っていません）．ルジャンドルの記号の定義はこれで二つになりました．両者の間にはオイラーに由来する「オイラーの基準」と呼ばれる橋が架かっていますから，論理的に見る限り同等です．では，同等の法則を前にして視点が分れたのはなぜなのでしょうか．初等整数論の謎がひそんでいるのはこのあたりです．

ルジャンドルは 1785 年の論文「不定解析」においてはじめて相互法則を表明し，1798 年の著作『数の理論のエッセイ』ではルジャンドル記号が用いられました．そのまま再現すると，m, n は異なる奇素数として，ルジャンドルは m と n が「ともに $4x-1$ 型」ではないときは $\left(\frac{n}{m}\right)=\left(\frac{m}{n}\right)$，$m$ と n が「ともに $4x-1$ 型」のときは $\left(\frac{n}{m}\right)=-\left(\frac{m}{n}\right)$ となることを指摘し，そのうえでこれらをまとめて

$$\left(\frac{n}{m}\right)=(-1)^{\frac{n-1}{2}\cdot\frac{m-1}{2}}\cdot\left(\frac{m}{n}\right)$$

という等式を書きました．今日流布している

$$\left(\frac{n}{m}\right)\left(\frac{m}{n}\right)=(-1)^{\frac{n-1}{2}\cdot\frac{m-1}{2}}$$

という表記に慣れ親しんだ目にはいくぶん奇異な感じが否めませんが，ルジャンドルが書いた等式には $\left(\frac{m}{n}\right)$ を既知として $\left(\frac{n}{m}\right)$ を知ろうとする明確な意志が感知されるのに対し，今日の等式はただ $\left(\frac{n}{m}\right)$ と $\left(\frac{m}{n}\right)$ の対称性を語るのみにとどまっていて抽象の度合いが一段と高まっています．

抽象性ならルジャンドルの相互法則にも感じられますが，ルジャンドルには何かしら知りたいことがあり，その具象性が相互法則の抽象性に充溢していますから抽象が抽象に感じられません．純粋の抽象と具象の伴う抽象の分かれ道が，単なる等式の書き方ひとつにさり気なく，しかしくっきりと示されています．

37. 第1補充法則再考

高木貞治先生は『近世数学史談』において，ザルトリウスの回想記『ガウスの思い出』に見られる言葉を紹介してガウスを語りました．そのまま引くと，

> ガウスは常にその研究の成果が完成されたる芸術的作品の如き形式を具えることをつとめた．形式の完備が意に満たないものは決して発表しなかったのである．建築が落成した後に足場が残るようでは見っともないと彼は言うた．

というのです．それから高木先生は，「ガウスが用いた印章には二，三の果実をつけた一本の木を描いて Pauca sed matura なる一句が刻されていたという」と，有名なガウスのモットーを示し，「狭くとも深く」という訳語を添えました．

Gauss

公表する思索の成果はわずかではあるけれども，十分に成熟した作品ばかりというほどのことを，ガウスは言いたいのでしょう．ガウスは実際にそのようにしたと思いますが，その代わり公表された著作や論文ではガウスはいつも饒舌に思索の経緯を語りました．ガウスの言葉を書き並べればそのまま近代数学史の重要な場面が再現されるほどで，感慨は尽きません．

『アリトメチカ研究』(1801年) に始まるガウスの数論研究は今日の語法でいう平方剰余相互法則の第1補充法則の発見とともに始まります．1795年のはじめ，17歳のガウスはこれを

奇素数 p を法とする 2 次合同式 $x^2 \equiv -1 \pmod{p}$ の可解条件「$p \equiv 1 \pmod{4}$」の形で語りました.「平方剰余の理論の基本定理」(ガウスによる呼称) の一側面と見て合同式の世界建設の第一着手を手にしたのですが，前触れもなくいきなり合同式を提示したというのも考えにくいところです．では，発見の原型はどのようなものだったのでしょうか．

2 次形式で表される数とその約数の形状のことなら，フェルマ，オイラー，ラグランジュと続くガウス以前の数論の系譜が存在します．試みに不定数がひとつしかない 2 次式形式 $f = x^2 + 1$ で表される数の形を考えてみます．x のところに次々と

$$x = 1, 2, 3, 4, 5, 6, 7, 8, 9, 10, \cdots$$

という数値を割り当てていくと，対応して f の値 2, 5, $10 = 2 \times 5$, 17, $26 = 2 \times 13$, 37, $50 = 2 \times 5^2$, $65 = 5 \times 13$, $82 = 2 \times 41$, … が得られます．これらの数値の素因子 2, 5, 13, 17, 37, 41, … を書き並べていくと，2 を別にして，どれもみな合同式 $p \equiv 1 \pmod{4}$ を満たす素数であることがわかります．オイラーは知っていましたが，17 歳のガウスが早くからオイラーに通じていたのかどうか，そのあたりはよくわかりません．

逆向きの問い，すなわち合同式 $p \equiv 1 \pmod{4}$ を満たす素数はつねに 2 次形式 $f = x^2 + 1$ で表される何らかの数の素因子でありうるだろうかと問うと状勢はとたんに混沌としてきます．この問いに応えるのが第 1 補充法則で，オイラーはこれも知っていましたが，ガウスは独自に発見し，しかも合同式の言葉で書き表しました．ガウスに先立つ数論の海の底には，さながら 1 個の真珠のような合同式の世界が広がっています．

38. 特異モジュールに寄せる
——アーベルからクロネッカーへ

クロネッカーの論文に「虚数乗法が生起する楕円関数について」(1857 年) があり，虚数乗法論に誘われたきっかけとして，「アーベルの発見」に刺激されたことが挙げられています．アーベルの論文「楕円関数の変換に関するある一般的問題の解決」(1828 年) に，**虚数乗法が生起する楕円関数のモジュールはすべて冪根を用いて表される**という所見が記されています．これがクロネッカーのいうアーベルの発見ですが，証明がありません．そこでクロネッカーは「その証明を見つけようとする意図をもって，この前の冬，虚数乗法が生起する楕円関数の研究に打ち込んだ」というのです．「この前の冬」というのは 1856 年の冬のことで，1823 年 12 月 7 日にリーグニッツに生れたクロネッカーはこのとき 32 歳でした．アーベルが取り上げたのは，変数分離型の微分方程式

$$\frac{dy}{\sqrt{(1-c^2y^2)(1-e^2y^2)}} = a\frac{dx}{\sqrt{(1-c^2x^2)(1-e^2x^2)}} \quad (a\text{ は定量})$$

の代数的積分 $f(x,y)=0$ の存在の有無を問う問題です．この微分方程式の左右両辺に見られる微分式の積分

$$\alpha = \int\frac{dx}{\sqrt{(1-c^2x^2)(1-e^2x^2)}}$$

の逆関数 $x=\varphi(\alpha)$ を指して楕円関数と呼ぶと，代数的積分 $f(x,y)=0$ が存在するというのは，二つの関数 $\varphi(\alpha)$，$\varphi(a\alpha)$ が代数的関係式 $f(\varphi(\alpha),\varphi(a\alpha))=0$ で結ばれていることと同じですが，a が虚数の場合にこのような状況が現れるためには，a は必ず $\mu'+\sqrt{-\mu}$ $(\mu>0)$ という形の虚 2 次数でなければならないとアーベルは指摘しました．楕円関数 $\varphi(\alpha)$ に虚数乗法が生起するというのはこのような状況を指しています．c と e は楕円関数

$\varphi(\alpha)$のモジュールと呼ばれる定数で，代数方程式を満たしますが，虚数乗法が生起する場合には**特異モジュール**という呼称がよく似合います．しかも**それらの値はすべて冪根によって表されること**，言い換えると，特異モジュールは冪根で表示されるとアーベルは明記しています．クロネッカーの心を打ったのはこの発見です．

「楕円関数の変換に関するある一般的問題の解決」の末尾に記された日付は 1828 年 5 月 27 日．これに先立って，アーベルは「楕円関数研究」の後半を書き上げてベルリンのクレルレのもとに送付しています．到着したのは 1828 年 2 月 12 日．この論文でアーベルはいくつかの具体例について特異モジュールの数値を算出し，冪根で表示されることを確かめました．そのうえで「しかし」と言葉をあらためて，「n の値がもっと大きくなると，おそらく代数的には解けない代数方程式に出会うであろう」と言い添えて疑念を隠そうとしませんでした．そこでクロネッカーは，「この発見が起ったのはまさしく論文「楕円関数研究」の起草ののちのことであった」と指摘したのでした．実際，5 月 27 日付で「楕円関数の変換に関するある一般的問題の解決」を書き上げたときにはアーベルの逡巡はすっかり消え去って確信に変っています．ここにおいて驚くべきことは，アーベルの思索の変遷に向けてこまやかな観察を続けてやまない若い日のクロネッカーの心事です．

アーベルの発見に目を留めて，数論の場における特異モジュールの力を汲み取ろうとしたところに，クロネッカーの創意が見られます．アーベルに寄せる敬意も感知されますし，数学の問題はいかにして造形されるのかという問いに対し，クロネッカーの言葉は最良の考えるヒントを与えています．

39. 代数的数体の理論の造型
——ヒルベルトの『数論報告』より

19世紀のドイツの数論史の全容を報告せよというドイツ数学者協会の依頼を受けて，「代数的数体の理論」という表題をもつ長大なレポートをダーフィット・ヒルベルトが報告したのは1897年のことでした．『ドイツ数学者協会年報』，第4巻の175頁から546頁まで，実に372頁を占める長大な作品です．表題の下に添えられたBericht（報告）の一語を受けて，簡潔に「数論報告」と呼ばれるようになりました．巻頭に8頁に及ぶ緒言が配置され，末尾に「1897年4月10日」という日付が記入されました．1862年1月23日にドイツのケーニヒスベルクの近郊に生れたヒルベルトは，このとき35歳でした．

数論は数学的知識の最も古い部門に属し，人間の精神は自然数の奥深くに横たわる諸性質に早くから気づいていたが，自立した体系的な学問になったのはごく最近のことであるとヒルベルトは説き起こしました．「われわれの師匠（unser Meister）」であるガウスは数論をどのように見ていたのかというと，数論の対象は本来自然数であることを明確に自覚し，あらゆる想像上の数をはっきりと排除しています．数論はもっぱら自然数の理論なのだというのがガウスの認識で，ヒルベルトはそのように語るガウスの言葉をガウスの著作『アリトメチカ研究』（1801年）の序文から採取しました．ところが『アリトメチカ研究』の第7章で取り上げられた円周等分の理論の対象は，今日の語法で円周等分方程式と呼ばれる代数方程式であり，それ自体としては数論に所属するわけではありません．それにもかかわらず，「その原理はひとえに高等的アリトメチカから汲まれる（ihre Principien einzig und allein aus der höheren Arithmetik geschöpft werden）」というのもガウスの認識で，ガウスは『アリトメチカ研究』の序文においてはっきりとそのように語っています．数論の問題の中には，円周等分の問題のような代数的な性格の問題と密接な関係で結ばれているものが存在することを，若い日のガウスはすでに自覚していたのでした．

ここでヒルベルトはヤコビとディリクレの名を挙げて，この二人の数学者はガウスの自覚を驚嘆をもって継承したことを伝えています．ドイツの数論史はこのような関係が認められることを偶然と見て退けるのではなく，数論と代数方程式論が共有するある同一の土台が存在することを確信し，探究に向いました．数論と代数方程式論を連繋する内的な土台（der innere Grund）の実体は「今では完全に明るみに出された」とヒルベルトは明快に宣言し，「代数的数の理論とガロアの方程式論は代数的な体の一般理論に共通の根（Wurzel）をもっている」と具体的に語りました．数論と円周等分方程式の関係は代数的数の理論と代数方程式論の関係へと拡大し，代数的な体の理論という共通の泉の発見に導かれたというのでした．

数体の理論の芽を育んだ人もまたガウスでした．ガウスは4次剰余相互法則の自然な泉を拡大された数域の中に見出だして，$a+bi$（a, b は有理整数）という形の虚整数（今日の語法でいうガウス整数）を数論に導入し，通常の有理整数域における数論の命題のすべてをガウス整数域に移しました．この営為に誘われて，代数的な体の理論の構築がめざされるようになったのだと，ヒルベルトは言いたいのです．拡大された数域の場において，クンマーの理想数という新しい重要な理念が生れ，デデキントとクロネッカーに継承されて代数的数体の理論の結実へと至ります．ヒルベルトはこのように代数的整数論のはじまりを語りました．

数論と円周等分論とを結ぶ親密な内的関連に目を留めたガウスと，そのガウスの洞察に目を見張ったヤコビとディリクレ．数学の泉はいつも発見の喜びと感動で作られています．

40. 熱く数論を語る――ヒルベルトの言葉

ヒルベルトとミンコフスキーがドイツ数学者協会の依頼を受けて，ガウスにはじまる 19 世紀のドイツの数論史を報告することになったのは 1893 年のことと記録されています．二人で協力して取り組むことになっていたものの，ミンコフスキーは独自の数論研究に専念していて乗り気になれなかったようで，結局のところヒルベルトひとりで書き上げるという成り行きになりました．報告書のタイトルは「代数的数体の理論」．通称は「数論報告（Zahlbericht，ツァールベリヒト）」で，「ヒルベルトのベリヒト」と呼ばれて親しまれています．1894/95 年度の『ドイツ数学者協会年報』，第 4 巻に掲載されましたが，実際に刊行されたのは 1897 年です．8 頁に及ぶ序文が附され，その末尾には「1897 年 4 月 10 日」という日付が記入されています．

ヒルベルトはガウスを泉とする 19 世紀ドイツの数論の流れを懐かしく回想し，数論に携わった人びとのひとりひとりの名を挙げながら熱く数論を語りました．ガウスは「われらの師匠 (unser Meister)」です．心を惹かれてやまない言葉がここかしこ散りばめられている中で，一段と際立った印象を受けるのは数論と関数論の親密な関係が語られる場面です．

《数体の理論に対して最初の芽を育んだ功績はまたしてもガウスに帰すべきである．ガウスは，ガウス自身が言うように，「アリトメチカの領域の拡大」の場において，すなわち，$a+bi$ という形の虚整数の導入という営為の中に，4 次剰余の法則の自然な泉を認識したのである．》

《だが，数論は代数学のみならず関数論ともまた密接な内的関係で結ばれている．数体の理論と 1 変数代数関数の理論からのある種の諸事実の間に認められる数々の不思議な類比が思

い出される.》

《ヤコビは，ガウスにあっては，$a+bi$ という形の虚整数という思想は純粋にアリトメチカ的な土壌に生い立ったのではなく，レムニスケート関数とその虚数乗法に関する，ガウスの同時期の研究を通じてもたらされたと推測しているのである.》

代数的整数論の萌芽はガウス整数の導入とともに芽生えたこと，レムニスケート関数は複素数域において考えられていることが語られています．しかも数論と関数論の双方に複素数が導入されることになったのは偶然ではありえないことも，強く示唆されています．

《われわれの目には，アリトメチカという数学的科学の「女王」が代数学と関数論の広大な領域を征服し，リーダーの役割を引き受けている様子が映じている．だが，以前からすでにこのようなことが高いレベルで生じていたわけではなく，数論はごく最近になってようやく成熟した年齢に達したのだと私には思われるのである.》

「数論報告」の主題は相対アーベル数体の理論です．数体の理論という，すばらしい美と調和を兼ね備えた偉大な建築物の中でももっとも豊かに構築されているのは相対アーベル数体の理論であり，しかもそれはクンマーによる高次冪剰余相互法則の研究と，クロネッカーによる楕円関数の虚数乗法の研究を通じて開かれたというのがヒルベルトの所見です．楕円関数の虚数乗法は完成の域に達したとはいえないという理由により「数論報告」では除外されましたが，ヒルベルトはこの報告書の作成を通じて「類体の理論」のアイデアをつかみ，数論の将来へと続く道を指し示しました．数学の未来を開くのは歴史であることを，「数論報告」は鮮明に物語っています．

41. 類体の理論に向う

「数論報告」を執筆してガウスにはじまるドイツの数論史を概観したヒルベルトは，将来の数論の進むべき道を指し示した人物でもありました．「数論報告」が掲載されたのは 1897 年に発行された『ドイツ数学者協会年報』の第 4 巻で，末尾に「1897 年 4 月 10 日」という日付が記入されましたが，同年秋 9 月 20 日から 25 日にかけてブラウンシュヴァイクでドイツ数学者協会の集まりがもたれたおりに，ヒルベルトは「相対 2 次数体の理論について」と題して講演を行いました．ここで表明されたのが類体 (Klassenkörper) の理論の構想でした．『ドイツ数学者協会年報』第 6 巻 (1899 年) に講演の記録が掲載されています．数体 k を基礎にとり，k の非平方数 μ をとると，数 $\sqrt{\mu}$ は体 k の数とともに k に関する相対次数が 2 に等しい体 $K(\sqrt{\mu})$ を定めます．これが相対 2 次数体です．このような数体の基礎理論を構築するという課題に応えようとする試みは，ヒルベルトの目にはガウスの著作『アリトメチカ研究』の自然な一般化と映じたのでした．ヒルベルトはノルム剰余の概念を提案し，平方剰余に対する一般相互法則の発見に到達しましたが，それはクンマーによる高次冪剰余相互法則のあらたな証明のための，いわば瀬踏みのような役割を果たしています．細部を詳細に叙述した完全な論文「相対 2 次数体の理論」は 1899 年の『数学年報』第 51 巻に掲載されました．全 127 頁に及ぶ長篇です．

相対 2 次数体の理論は一般の相対アーベル数体の理論の雛形で，相対アーベル数体の一般理論構築の鍵をにぎるのが類体の概念です．相対アーベル数体の特別の場合として，楕円関数の虚数乗法により与えられる数体があり，ヒルベルトに先立ってハインリッヒ・ウェーバーの著作『楕円関数と代数的数』(1891 年) で取り上げられています．この書物には類体

(Classenkörper) の一語もすでに現れています．アーベルにはじまる楕円関数の虚数乗法論はクロネッカーに継承されて，「虚2次体域におけるアーベル方程式は特異モジュールをもつ楕円関数の変換方程式で汲み尽くされるであろう」という，クロネッカーの「最愛の青春の夢」を育みました．ヒルベルトの見るところ，類体の理論をもってすればこの夢を実現するのは困難ではないというのでした．

類体論の構想は1897年秋のブラウンシュヴァイクにおける講演でもすでに熱く語られましたが，その詳細は，スウェーデンの数学誌『数学輯報』第26巻（1902年）に掲載された論文「相対アーベル数体の理論について」において語られました．99頁から131頁まで，33頁を占める論文で，相対2次数体の理論のように細部にいたるまで証明が附随することはなく，全体として類体論の構想が大きく繰り広げられています．最後の第16節の末尾に，相対判別式1をもつ任意の相対次数の相対アーベル数体に対して一系の一般定理が列挙されていますが，それらはヒルベルトの予想であり，証明はありません．「これらの定理は名状しがたいほどに簡明であり，また水晶のような美しさ (krystallener Schönheit) を備えている」とヒルベルトはみずから讃嘆し，「これらを完全に証明して，任意の相対判別式の場合にしかるべく一般化することは，私には相対アーベル数体の純粋にアリトメチカ的な理論の最終目標のように思われる」と言い添えました．夢と現実を分けることがなく，高木貞治先生の心をとらえた魔法使いの言葉でもありました．

ガウスの数論はアーベル，クンマー，クロネッカー，ウェーバーを経てヒルベルトの類体論の夢を紡ぎ，高木貞治先生の手で現実の数学の理論になりました．この間，120年．途切れることなく継承されたのはガウスが作った泉から絶え間なく流露する数論の心です．

42. アイゼンシュタインの楕円関数論

数学に複素数を導入しようとする機運に乗って，幾人もの数学者が楕円関数を複素数域において考えようと試みました．ガウス，アーベル，ヤコビ，ヴァイエルシュトラス，アイゼンシュタイン，クロネッカーなどの名が次々と念頭に浮びます．どの人も固有の動機に誘われて歩を運び，さまざまな姿の楕円関数論が現れることになりました．楕円関数論の見せる多彩な相貌のひとつひとつに，理論の造型を企図するひとりひとりの志が反映しています．

ゴットホルト・アイゼンシュタインは1823年4月16日にベルリンに生れました．早くから数学に関心を寄せ，17歳のときというとまだベルリンのギムナジウムの生徒のころのことですが，ベルリン大学でディリクレの講義を聴講していますし，1842年，19歳の年にガウスの著作『アリトメチカ研究』(D.A.と略称）のフランス語訳を購入しています．D.A.のラテン語の原書は発行部数も少なかったようですし，刊行後40年が過ぎて，もう手に入り難かったのでしょう．この年の夏，D.A.を手に母と連れ立って父の滞在先のイギリスに向いました．D.A.をもってパリに向った若い日のディリクレの姿とイメージが重なります．アイルランドのダブリンでハミルトンに会い，アーベルの「不可能の証明」を論じた論文をもらうという場面もありました．1843年，帰国してベルリン大学に入学し，翌1844年，ゲッチンゲンに向い，ガウスに会いました．D.A.に親しみを深める日々を送りながらハミルトンに会い，ガウスにも会うというふうで，アイゼンシュタインの関心は3次形式の理論，相互法則，それに楕円関数論の方面に向けられていきました．高次形式の理論にはD.A.の2次形式論の影響が見られます．相互法則研究の土台もD.A.ですが，D.A.で展開された平方剰余相互法則にとどまらず，D.A. 以後のガウスの 4 次剰余の理論と，ガウスが示唆するだけにとどめた 3 次剰余の理論に早くも関心を寄せているのは驚くほかはありません．

1847 年，アイゼンシュタインはベルリン大学から教授資格を授与されて私講師になり，講義を始めました．この年の講義のテーマは楕円関数論で，聴講者の中にリーマンがいました．アイゼンシュタインより 3 歳の年下のリーマンは 1846 年にゲッチンゲン大学に入学し，1847 年にベルリン大学に移ったばかりでした．複素変数関数論の形成という視点から見ると，この出会いには重い意味合いが秘められています．ちょうどこの時期に，『クレルレの数学誌』の第 30，32，35 巻 (1846–47 年) にアイゼンシュタインの 6 篇の論文から成る連作「楕円関数論への寄与」が掲載されました．実際に執筆されたのは第 1 論文が 1845 年 10 月，第 6 論文は 1847 年 9 月．22 歳から 24 歳にいたる時期の作品です．

第 1 論文 (第 30 巻，1846v 年) には，「レムニスケート関数の理論からの 4 次剰余の基本定理の導出，並びに乗法公式と変換公式への諸注意」という驚くべき表題が附され，冒頭にガウス整数 $a+bi$ を係数にもつ変数分離型の微分方程式

$$\frac{\partial y}{\sqrt{1-y^4}}=(a+bi)\cdot\frac{\partial x}{\sqrt{1-x^4}}$$

と，その有理関数の形の解

$$y=x\frac{A_0+A_1x^4+A_2x^8+\cdots+A_{\frac{1}{4}(p-1)}x^{p-1}}{B+B_1x^4+B_2x^8+\cdots+B_{\frac{1}{4}(p-1)}x^{p-1}}=\frac{U}{V}$$

が明記されました．この型の微分方程式はアーベルの論文「楕円関数研究」にも見られますが，アーベルの関心は相互法則ではなく等分方程式の代数的可解性にありました．相互法則との連繫を明るみ出したところに，他の追随を許さないアイゼンシュタインの創意が光っています．

III. 数学と数学者を語る

43. クレルレの友情

1825年の秋 9月，アーベルは故国ノルウェーを発ってヨーロッパ旅行に出かけました．目的地はパリだったのですが，コペンハーゲン，ハンブルク，ベルリン，ライプチヒ，フライベルク，ドレスデン，プラハ，ウィーン，グラーツ，トリエステ，ヴェネチア，ヴェローナ，ボルツァーノ，インスブルックを経由するという大旅行になりました．パリに到着したのは1826年 7月 10日ですから，実に 10箇月もかかっています．

アーベルにもっとも深い影響を及ぼした数学者はガウスです．アーベルがクリスチャニア大学の学生のころの図書館の貸し出し記録によると，ガウスの著作『アリトメチカ研究』を借り出したことがわかるそうですが，アーベルの代数方程式論と楕円関数論はこの書物の最終章(第 7章) の円周等分方程式論に示唆を受けてできあがりました．

アーベルは早くから代数方程式の代数的可解性の問題に関心を寄せ，「不可能であることの証明」をめざしていましたが，大旅行に出る前にこの企てに成功したと思い，証明を記述した小冊子を作成してガウスのもとに送りました．ヨーロッパ旅行の途次，ベルリンでクレルレと知り合い，クレルレといっしょにゲッチンゲンにガウスを訪問したいと考えていたところ，ガウスはアーベルの小冊子を歓迎していないというニュースが伝わってきました．それでガウスを訪問する気持ちが消失したと言われています．

ガウスには会えなかったものの，ベルリンでクレルレに会えたのは，幸の薄いアーベルの短い生涯の中でもっとも幸福な出来事でした．クレルレは若いアーベルに深遠な友情を抱き，アーベルのためになにくれとなく親切でした．次に引くのは1828年 5月 18日付のクレルレからアーベルへの手紙の一節ですが，アーベルの楕円関数研究に寄せるフスやガウスの評価を伝えています．

「あなたのお仕事はますます高く評価されはじめています．フス氏はサンクトペテルブルクから，あなたのお仕事は大きな喜びをもたらしたと，私に書いてきています．ゲッチンゲンのガウス氏には，彼が 30年以上も研究を重ねてきたという楕円関数について何らかの事柄を私のもとに送ってくれるようにと依頼したのですが，次のようなことを書いてきています．」「ほかにいろいろな仕事がありますので，今のところ，それらの研究をまとめる余裕がありません．アーベル氏は，この仕事の少なくとも三分の一について，私の先を行きました．アーベル氏は私が 1798年に到達した道にぴったりと沿って歩んできています．そのため，大部分について同じ諸結果に達したからといって，驚くほどのことはありませんでした．それに，アーベル氏の叙述は洞察力と美しさを兼ね備えていますので，もう同じ諸問題を叙述しなくてもすむという気がしています．」

「このガウス氏の判定は私を多いに喜ばせてくれました」とクレルレはうれしそうに言い添えました．アーベルの「不可能の証明」を一蹴したガウスも，楕円関数研究は高く評価した模様です．

括目に値するのはサンクトペテルブルクのフスの消息です．パウル・ハインリッヒ・フスという人で、父のニコラウス・フスはオイラーと同郷の数学者，母はオイラーの娘ですから，オイラーの孫になります． 1828年のアーベルに残された時間はすでに一年足らず．どこまでも幸の薄い人生のうえに，遠いペテルブルクから，あの偉大なオイラーの光が射していたのでした．

44. ニコラウス・フスとハインリッヒ・フス

オイラーはあまりにも多産な人で，論文と著作のタイトルを眺めるだけでもめまいがするほどですが，スウェーデンの数学史家エネストレームはオイラーのすべての作品を年代順に配列して番号を割り振りました．各々の番号の前にエネストレームの名前の頭文字 E をつけて E1, E2, ... というふうに表記して，E の 1 番，E の 2 番，... と読み，これが共通の符牒になって数学史家同士の会話がスムーズに運びます．音楽の世界において，数学の世界のオイラーのように多産な作曲家だったモーツァルトの作品には K1, K2, ... と，ケッヘルナンバーと呼ばれる番号が打たれています．その流儀を借りて，オイラーの作品番号はエネストレームナンバーと呼ばれるようになりました．ちなみに E101 は名高い解析学三部作のひとつ『無限解析序説』の巻 1，E102 は巻 2 を指しています．

今日ではエネストレームナンバーは完全に定着しましたが，オイラーの作品目録を作成した最初の人はエネストレームではなく，エネストレームの前にハインリッヒ・フスが作成した目録がありました．その目録には「フスナンバー」と呼ばれる整理番号が打たれています．フスの目録はエネストレームの目録とは違い，オイラーの作品がテーマ別に区分けされています．総計 756 篇で，866 篇をおさめるエネストレームの目録に比べるといくぶん少な目ですが，オイラーのすべてを集大成しようとする一番はじめの試みで，値打ちがあります．

ハインリッヒはクレルレにアーベルの楕円関数論を賞賛する声を寄せた人で，父のニコラウスはオイラーと同じスイスのバーゼルの出身です．オイラーは晩年，視力が衰えてほぼ完全に失明しましたので，数学研究の助手が必要になり，郷里のバーゼルから数学の天才少年を呼び寄せました．それがニコラウスでした．この時期のオイラーの滞在先はサンクトペテルブルク．ニコラウスが到着したのは 1773 年 5 月ですから，わずかに 18 歳のときのことでした．オイラーが亡くなったのは 1783 年 9 月 18 日．この日，オイラーは孫に数学を教えていたそうですが，ニコラウスもまたその場に居合わせました．午後 5 時ころ，オイラーは脳出血に襲われたようで，意識を失う前に「死ぬよ」とつぶやいたと言われていますが，そんなリアルなエピソードを後世に伝えたのもニコラウスです．オイラーは夜 11 時ころ亡くなりました．満 76 歳でした．

ハインリッヒはオイラーの娘を母にもつ人で，オイラーの孫のひとりですが，生年はオイラーの没後の 1798 年ですから，オイラーが亡くなった日にいっしょだった孫とは違います．

オイラーの没後，ハインリッヒ・フスはペテルブルクに留まり，晩年は科学アカデミーのパーマネントセクレタリーになりました．事務方の最高責任者という感じでしょうか．この時期のある日，フスはガウスに手紙を書き，ペテルブルクの科学アカデミーに招聘しました．ガウスはこの誘いに魅力を感じたようですが，結局，一通の手紙を書いて断りました．その手紙の日付は 1803 年 4 月 4 日ですから，すでに『アリトメチカ研究』(1801 年) の刊行後のことになります．ニコラウスは新進気鋭のガウスにねらいを定めて誘いをかけたのでしょう．そのフスはオイラーをよく知る人であったところに，偶然とは言えない縁（えにし）を感じます．1777 年 4 月 30 日に生れたガウスは，オイラーが世を去ったとき，まだ 6 歳でした．生前の交友はありえませんが，ガウスに及ぼされたオイラーの影響は一段と際立っています．そのオイラーの晩年の助手のニコラウスが，長じて二人の架け橋になろうとしたのでした．

45. カナリアのように歌う

ベルンハルト・リーマンは1826年9月17日に，ドイツのハノーファー王国のダンネンベルクの近郊のブレゼレンツという村に生れました．1826年9月といえばアーベルはなお健在で，ひとりパリにあって，のちに「パリの論文」と呼ばれることになる偉大な論文の執筆に心身を傾けていたた時期にあたります．後年のリーマンの傑作「アーベル関数の理論」の表題にアーベルの名が見られることを思い合わせると，リーマンはさながらアーベルの生まれ変わりであるかのように目に映じます．

数学に寄せるリーマンの情熱は早くから芽生えていたようで，ルジャンドルの大著『数の理論のエッセイ』を，わずか6日間で読破したという伝説が伝えられています．500頁ほどにもなる分厚い書物で，一週間で読むのはいかにもたいへんそうですが，実におもしろい本ですし，きっと夢中になって読みふけったのでしょう．

1846年，ゲッチンゲン大学に入学しましたが，大学を遍歴するというドイツの大学生の独特の流儀にしたがって，一年間在籍した後にベルリン大学に移り，それからまた2年後の1849年に再びゲッチンゲン大学にもどりました．

ベルリンではヤコビ，ディリクレ，アイゼンシュタインという名だたる数学者が待っていました．ヤコビはアーベルに会ったことはありませんが，アーベルを継承してアーベル関数論の構築をめざし，「ヤコビの逆問題」を提示した人物です．ディリクレは若い日にパリに遊学した人で，1826年の秋，パリに滞在中のアーベルを同国人（ドイツ人）と思って訪ねたことがあります．リーマンはディリクレに変分法の「ディリクレの原理」を学びました．

アイゼンシュタインはリーマンより3歳の年長で，めったに人をほめることのないガウスが過剰にすぎるほどにほめたたえた人物です．数学に寄せて，リーマンとは異質の独特の見識の持ち主で，楕円関数論に複素変数を導入することをめぐってリーマンと議論をたたかわせました．ヤコビの逆問題，ディリクレの原理，複素変数関数論．この三つが揃えば，19 世紀の数学の姿を象徴するかのような，リーマンのあの偉大なアーベル関数論はすでに成ったも同然です．ベルリンから摘まれた果実は実に大きかったのです．

ひるがえってゲッチンゲンではどうかというと，ガウスの講義は初歩的なものばかりでした．名高い学位論文「1 個の複素変化量の関数の一般理論の基礎」(1851 年）を審査したのはガウスですが，あまりほめてもらえなかったようで，リーマンはそのころの様子を郷里の弟に伝えています．ガウスは，リーマンの学位論文と同じテーマを何年も前から考えているという話をしたというのです．

ガウスはアーベルの論文「楕円関数研究」(1827 - 28 年）を見て，「これで自分の研究の三分の一は不要になった」などとベッセルに伝えたことがありました．四半世紀後のリーマンに対する言葉ととてもよく似ています．

こんなわけでガウスの評価は高いとは言えなかったのですが，ガウスの同僚のもうひとりのゲッチンゲンの数学者シュテルンはリーマンの天才を洞察し，後年，リーマンは「すでにカナリアのように歌っていた」と回想しました．リーマンは極端に内気で，ひとりでいることを好み，他人とのつきあいに困難を感じる人でした．そんなリーマンは数学の歌を饒舌に歌い，ガウスは知らず，シュテルンの耳はそれを確かに聞き分けたのでした．

46. ディィリクレの就職活動

ルジューヌ・ディリクレの生誕日は1805年2月13日，生地はフランス第一帝政下のプロイセン王国のデューレンです．ボンのギムナジウムを卒業して，さてそれから先の大学はどうするか，ディリクレ家には悩みがありました．ベルリンには1810年に創立された大学がありましたが，ドイツの数学は全体にレベルが低く，数学者といえば，ゲッチンゲンのガウスひとりを巨大な例外として，存在しないも同然というありさまでした．そこでディリクレの両親はパリを勉学の場に選びました．フーリエ，ラクロア，ポアソン，ルジャンドル，ラプラス等々，百花繚乱，パリはさながら数学の花園のようでした．ただし，パリに向かう17歳のディリクレの手にガウスの著作『アリトメチカ研究』があったことは忘れられません．

パリのディリクレは次数5の場合のフェルマの最終定理の解決に成功して有名になり，アレクサンダー・フォン・フンボルトの知遇を得たこととも相俟って故国プロイセンの大学に地位を求める気持ちに傾きました．フンボルトのアドバイスを受けて，パリで書いた論文を添えてガウスとプロイセン政府の文化相アルテンシュタインに手紙を書いたところ，ガウスから非常に好意的な返信が届き，アルテンシュタインからはひとまずブレスラウ大学がよかろうとのお薦めがありました．ガウスはベルリン科学アカデミーの秘書で天文学者のエーンケに手紙を書いてディリクレを推挙したほどですから，ディリクレの数学の力をよほど高く評価したのでしょう．これでディリクレの就活はいわば外堀が埋まったような感じになりましたが，肝心の受け入れ側の大学が難色を示しました．ドイツの大学で地位を得るにはまず学位を取り，次に，ハビリタツィオーン (Habilitation) という大学教授資格を取得しなければならないのですが，これがドイツの大学を出ていないディリクレにとって大きな障碍になりました．

アルテンシュタインの口添えのおかげでボン大学から名誉学位が授与されて問題の半分が解決し，1827年の春，ブレスラウ大学の講師になりました．ところが教授資格の欠如を補うために，模擬講義を行い，ラテン語で論文を書き，そのうえラテン語による公開討論に応じることという条件が大学から課され，ラテン語をうまく話せないディリクレはたいへんな苦境におちいりました．アルテンシュタインに討論の免除を申し出て許されるという例外措置により，1828年4月，員外教授（auserordentlicher Professor．助教授に相当）に昇進しましたが，本来の望みはベルリン大学にありましたので，秋10月，ベルリンに向かいました．

抵抗はベルリン大学にもありました．ブレスラウ大学の員外教授の地位は無視されて講師からやり直しになり，「ラテン語で論文を書いて大講義室で講義すること」という昇進条件が課されました．ディリクレはこれを承知したとはいうものの，さっぱり乗り気になれなかったようで，「2元2次形式の合成について」という短篇を書いてこの要請に応えたのは，実に1851年のことでした．この間，員外教授，正教授と昇進したことはしたのですが，「Professor designatus（指名された教授）」といって，給与も低い格下の扱いです．ドイツを代表するベルリン大学の最高の数学者が最低の処遇を受けるという一大奇観がここに現れました．

1855年の年初にガウスが亡くなり，ゲッチンゲン大学からの招聘を受けてゲッチンゲンに移り，ようやく安定した日々が訪れたのですが，急な心臓の病気に襲われて1859年5月5日に亡くなりました．

47. ヴァイエルシュトラスとアーベルの手紙

ヴァイエルシュトラスは19世紀のドイツ数学史の山脈を構成する偉大な数学者たちのひとりですが，ガウスのように幼少時の天才を示すエピソードが残されているわけではなく，リーマンのように学位と教授資格を取得して大学教授になったわけでもありませんし，若い日の経歴はどことなく謎めいています．ベルリン大学で講義を始めたのは1856年で，生誕日は1815年10月31日ですからすでに41歳．正教授になったのはようやく1864年のことで，49歳になっていました．ベルリン大学の前はギムナジウムの教師でした．数学の先生だったにもかかわらず，なぜか物理学，植物学，地理，カリグラフィー(書写)，それに体育まで教えていたというのですから，いかにも不思議です．

ヴァイエルシュトラスはプロイセン王国のオステンフェルドという町に生れた人で，パーダーボーンのギムナジウムからボン大学に進むという定番のコースをたどりました．ところが数学に心を寄せたために，法律や金融の方面に進むことを望む父との関係に齟齬(そご)が生じました．大学では父の意向に沿うコースを選択したものの，早くから『クレルレの数学誌』を定期的に読み，ラプラスの『天体力学』やヤコビの『楕円関数論の新しい基礎』に親しむというふうでした．数学の魅力には抗し難く，まったく独学で数学を学ぼうとする構えになったのですが，父の意向に真っ向から逆らうこともできなかったようで，煩悶のあまり学業を放棄してフェンシングと飲酒にふけるという自堕落な日々をすごしたあげく，卒業試験も受けずに大学を離れました．激怒した父とようやく折り合いをつけて，ミュンスター大学の前身にあたる学校で数学と物理を学び，ギムナジウムの数学教師をめざすことになり，ここでグーデルマンに出会いました．グーデルマンは数学に寄せるヴァイエルシュトラスの熱情をよく理解し，楕円関数論の手ほどきをしてくれました．出会いということの不思議さが感じられる出来事で，若年のアーベルにホルンボエというよい先輩がいたのとよく似ていますが，そのアーベルはヴァイエルシュトラスを数学研究へと導いてくれた一番はじめの人でもありました．

まだギムナジウムの生徒だったころ，ヴァイエルシュトラスは『クレルレの数学誌』第6巻（1830年）に掲載されたアーベルの手紙を読みました．日付は1828年11月25日．宛先はルジャンドルです．アーベルはここにいたるまでの数学研究を回想し，第1種楕円積分 $x=\int_0^y \frac{dy}{\sqrt{(1-y^2)(1-c^2y^2)}}$ の逆関数を $y=\lambda(x)$ と表記してこれを第1種逆関数と呼び，二つの冪級数の商の形に表示しました．これを見たヴァイエルシュトラスは第1種逆関数を定める微分方程式から直接出発して，アーベルと同じ商表示を導きました．ヴァイエルシュトラスのペー関数 $\wp(z)$ を規定する微分方程式 $\wp'(z)^2=4\wp(z)^3-g_2\wp(z)-g_3$ が想起されるエピソードです．卒業してギムナジウムの教師になったヴァイエルシュトラスはアーベルが指し示した方向に歩を進め，ヤコビの逆問題の解決をめざして1854年から1856年にかけて「アーベル関数の理論」という表題の3篇の論文を書きました．勤務先のギムナジウムの年報に掲載された第1論文は何も反響を呼びませんでしたが，第2論文と第3論文が「クレルレの数学誌」に掲載されるとたいへんな評判となり，たちまちベルリン大学への道が開かれました．後年，アーベルの手紙の実物はヴァイエルシュトラスの手にわたり，生涯の宝物になりました．

48. ヒルベルトの遍歴とクロネッカーとの対話

若い日のヒルベルトはよく旅をする人でした．1862年1月23日にケーニヒスベルクの近くのヴェーラウというところで生れましたが，生後まもないころにケーニヒスベルクに移り，そこで成長しました．そのためか，ヒルベルト自身は故郷をたずねられるといつもケーニヒスベルクと応じていたということです．ケーニヒスベルクのギムナジウムを経て1880年にケーニヒスベルク大学に入学した後，ドイツの大学生の習慣に従ってハイデルベルクで1881年の夏学期をすごし，ケーニヒスベルクにもどって代数的不変式論をテーマにして論文を書いて学位を取得しました．1885年の2月のことですから，このとき満23歳です．それからライプチヒに行ってフェリックス・クラインに会い，そのクラインにすすめられて，1886年3月，パリに向いました．パリでは8歳年下のポアンカレに会い，カミーユ・ジョルダン，ハルフェン，ボンネ，ダルブーにも会いました．ピカールの講義も聴き，ポアンカレの師匠のエルミートには二度も会う機会がありました．1822年生まれのエルミートはこのとき64歳．ヒルベルトは深遠な感銘を受けたと伝えられています．

ケーニヒスベルクへの帰途，ゲッチンゲンでライプチヒからこの地に移ったクラインに会ってパリの旅の様子を伝えました．H.A. シュヴァルツに会ったおりにベルリン行の計画を伝えたところ，クロネッカーから冷たく扱われるだろうなどと忠告されましたが，実際にはそんなことはなく，クロネッカーはとても親切でした．これがクロネッカーとの初対面です．この時点でヒルベルトは24歳．クロネッカーは亡くなる5年前で，すでに63歳です．

人から人へと，さながら善知識を求めて遍歴する善財童子（ぜんざいどうじ）のようにヒルベルトの旅の日々が続きます．ケーニヒスベルクにもどって教授資格試験に合格し，1886 年に私講師になりましたが，それから 2 年後の 1888 年 3 月，26 歳のヒルベルトはドイツ各地の数学者たちを歴訪するという大計画を立てました．エルランゲンでは「不変式の王者」の名の高いゴルダン，ゲッチンゲンではクラインと H.A. シュヴァルツ，ベルリンではフックス，ヘルムホルツ，ヴァイエルシュトラス，それとクロネッカーに会いました．クロネッカーに会ったのはこれで二回目です．

クロネッカーはヒルベルトの数学形成にあたってもっとも深遠な影響を及ぼした人物です．ハインリッヒ・ウェーバーの回想によると，クロネッカーは 1886 年にベルリンで行われた自然研究者会議で講演し，そのとき「整数は神が作ったが，他のすべては人間の作ったものである」(Die ganzen Zahlen hat der liebe Gott gemacht, alles andere ist Menschenwerk) と語ったということです．「数学的実在とは何か」という，数学という学問の神秘感の根源に触れる言葉であり，若いヒルベルトの心を大きく揺り動かした模様です．

1900 年の夏，パリで開催された国際数学者会議での講演「数学の諸問題」の第 2 問題「算術の公理の無矛盾性」において，ヒルベルトは「もしもある概念にいくつかの互いに矛盾する特徴が付与されるようなことがあるなら，その概念は数学的には存在しないのだと私は主張する」とクロネッカーの向うを張る独自の存在論を展開しました．晩年は悪性貧血に悩まされる日々の中で証明論に心血を注ぎました．人を磨く石もまた人でしかありえないことを，ヒルベルトとクロネッカーの出会いはありありと示しています．

49. アーサー・ケイリーの行列の代数関数論の夢

線形代数に登場するいろいろな定理の中で，もっともよく知られているのは「ケイリー=ハミルトンの定理」と思います．ケイリーもハミルトンもなんとなくイギリスの数学者のような気がしますが，正確に言うと四元数の発見で知られるハミルトンはアイルランドのダブリンに生れた人で，亡くなった場所もダブリンでした．ケイリーの生地はイングランドのリッチモンドですが，父はロシアのペテルブルクに住む商人で，ケイリー家では毎年の夏を父祖の地のイングランドですごす習慣があったために生地がイングランドになりました．ケイリーはサンクトペテルブルクで幼児期をおくり，8 歳の年に一家をあげてサンクトペテルブルクを引き払ってロンドンに移ったため，ケイリーはイギリスで教育を受けて数学者になりました．

1858 年のロンドン王立協会の学術誌『フィロソフィカル・トランザクション (Philosophical Transactions)』にケイリーの論文「行列の理論についての論攷」が掲載されています．21 頁ほどの短篇の中に今日の線形代数の基本事項のほとんどが網羅されているのは，まったく瞠目に値する光景です．ケイリーは 3 次の正方行列を範として行列の足し算と引き算を規定しましたが，その際，通常の数の足し算における 0 に相当する零行列が出現します．二つの行列の積は，「それぞれの行列の定める 1 次変換の合成を表わす行列」として規定され，そのおりに今度は数 1 に相当する役割を果す単位行列が導入されました．行列の商を作るには逆行列の存在の有無を考えなければなりませんが，ケイリーは行列式が 0 にならない行列の逆行列を書き下しました．このような流れの中でケイリー=ハミルトンの定理という「注目するべき定理」(ケイリーの言葉) が発見されました．実際にはハミルトンは行列に関心はなかったのですから，本当は「ケイリーの定理」です．ケイリーはハミルトンを敬愛しダブリンまでおもむいて四元数の講義を聴いたこともあるほどですし，ハミルトンから示唆された何事かがあったのでしょう．

一般に n 次の正方行列 M に対して多項式 $P(x)=\det(xE-M)$（右辺は行列式．E は単位行列）を作るとき，等式 $P(M)=0$ が成立することを主張するのがケイリー＝ハミルトンの定理です．応用例としてよく挙げられるのは行列 M の自然数冪 M^k の計算ですが，ケイリーの真意は冪指数 k が分数の場合にあり，$k=\dfrac{1}{2}$ という一番かんたんな場合を取り上げて，2 次の正方行列 $M=\begin{pmatrix} a & b \\ c & d \end{pmatrix}$ の平方根 $L=\sqrt{M}$ を求める計算を実行しています．M と L のそれぞれが満たすケイリー＝ハミルトンの等式に L を規定する等式 $L^2=M$ を合わせて三つの等式が手に入り，それらを元手にして計算を進めると，次々と $P=a+d$, $Q=ad-bc$, $X=\sqrt{P+2\sqrt{Q}}$，$Y=\sqrt{Q}$ と置いて，$L=\dfrac{1}{X}\begin{pmatrix} a+Y & b \\ c & d+Y \end{pmatrix}$ という表示が導かれます．平方根に付与するべき正負の符号に対応して，こうして（$X\neq 0$ の場合には）全部で 4 個の L が見つかりました．加減乗除の 4 演算のほかにもうひとつ，「冪根を作る」という演算を加えると代数的演算が打ち揃います．行列は数ではありませんが，それをあたかも単独の量であるかのようにみなして「行列の非有理関数」を作ろうとするのが，さながら一場の夢のようなケイリーの企てでした．演算そのものに自律性をもたせようとするおもしろい試みで，後年の代数学の抽象化への道がここにはっきりと芽生えています．

50. デカルトとアンドレ・ヴェイユ

アンドレ・ヴェイユはアンリ・カルタンとともにブルバキの創立メンバーとして知られていますが，多芸多才な人びとの集まるブルバキの面々の中でも数学史に目を向けたのはひとりヴェイユがあるのみでした．ブルバキの名で刊行された一連の『数学原論』にはときおり「歴史覚書」が附されていて，無署名の記事なのですが，ほとんどみなヴェイユが書いたといううわさが流れています（うわさのみなもとはヴェイユ自身の発言だったように覚えています）．歴史に寄せるヴェイユの関心の深いことは並々ならぬものがあり，ヴェイユの自伝によると，エコール・ノルマルに入学して1年目にすでにリーマンを読み，2年目にはフェルマを読んだということです．ただこれだけの事実でも後年のヴェイユの数論との連繋が感知されます．アダマールのセミナーではフランスでは知る人もなかったハルトークスやE.E. レビの多変数関数論研究をいち早く紹介することもありました．

ヴェイユにはブルバキの「歴史覚書」のほかにも『アイゼンシュタインとクロネッカーによる楕円関数』(1976年)，『数論：ハンムラビからルジャンドルにいたる歴史を通じてのアプローチ』(1984年）という著作もあります．クンマーの全集をひもとけば，そこにはヴェイユの序文があり，アメリカの科学史家マホーニーの労作『ピエール・ド・フェルマの数学上のキャリア 1601-1665』(1973年）が出るとたちまち辛辣無比の批評を加えるというふうですし，名高い「ヴェイユ予想」などはガウスの《数学日記》の最終項目に示唆を得て創り出されたのでした．

昔，クロネッカー研究で知られるアメリカの数学史家エドワードに会ったとき，「ヴェイユの数学史についてどう思いますか」と尋ねたところ，「あれは歴史ではない」と言下に返されました．なぜですかと重ねて問うと，「今の数学の目で歴史を見ているからだ」ということでした．それはそのとおりですし，視点を変えてヴェイユの立場に立てば，古典に素材を求めて新しい数学を創造しているということになりそうですが，ここにおいて「ヴェイユはデカルトにそっくりだ」とはたと思い当たりました．

デカルトは古代ギリシアの数学者パップスの著作『数学集録』に記載されているさまざまな作図問題を見て，とても思いつかないような巧みなアイデアに基づく解法が示されている問題（パップスの問題）や，答は円錐曲線であろうという推定にたどりつきながらついに解決にいたらなかった問題（3 線・4 線の軌跡問題）などを知り，すべてを代数学の手法に帰着させるという斬新な解法を提示しました．奇抜なアイデアは不要であり，未知数も既知数もみな文字で表わして代数方程式を立てるだけでさらさらと解けてしまいます．鶴亀算を連立方程式の手法で解くのと同じ考え方ですが，これに加えてデカルトの場合には「コギトエルゴスム（われ思う．ゆえにわれあり）」という形而上的思索が根底に横たわっています．デカルトにとって 1000 年をこえる古典は新しい数学を創造する契機だったのですから，歴史家という呼称はデカルトには似合いません．それに，パップスはデカルトの解法を見てもとうてい納得しなかったでしょう．

ヴェイユにとって，デカルトにとっての古代ギリシアに相当するものは，デカルトあたりから第 1 次世界大戦前までの西欧近代の 300 年余の数学史でした．リーマン本人はヴェイユの語るリーマンにはうなずかないだろうと思いますが，ヴェイユはそのようなことに頓着することはなく，どこまでも自分の目に映じたリーマンの像を描写するばかりです．代数の力を信頼するところはヴェイユもデカルトも同じです．では，ヴェイユの営為はどのような形而上的思索に支えられていたのでしょうか．現代数学の秘密の鍵の所在を問う謎めいた問いが，こうして最後にぽつんと残されました．

51. 春を待つこころ——岡潔先生没後40年

岡潔先生は明治34年(1901年)4月19日に大阪市東区島町(現在の中央区島町)に生れ，昭和53年(1978年)3月1日未明午前3時33分，奈良市高畑町の自宅で亡くなりました．満76歳．春一番が吹き荒れて，ひどい嵐の一夜でした．平成30年(2018年)は没後40年の節目でした．テレビドラマの世界にも岡先生の学問と人生に関心を寄せる人が出現し，読売テレビ開局60周年に合せて「天才を育てた女房」というドラマが制作されて同年2月23日に放映されました．岡先生の数学的発見の姿は「上空移行の原理」「関数の第2種融合法」「不定域イデアル」という三つの言葉によく象徴されていますが，命名したのは岡先生本人です．こうしてあらためて書き並べるとまるで魔法使いの言葉のようですし，数学という魔術をあやつる魔法使いといえば数学の詩人の別名にほかなりません．

岡先生が亡くなる前に語り遺した言葉はさまざまに伝えられています．「仕事がこれだけあるから，もうちょっと（この世に）おりたいけど，もうあかん．あしたあたり死んでるやろ」．これは奥様のみちさんが栢木喜一先生に伝えた言葉です．亡くなる前日の2月28日の夜，妹の岡田泰子さんに「どうもありがとう，どうもありがとう．もう遅いから泰子ももうおやすみ」と言って少し眠り，眼を覚まして，「ほんとうにありがとう．あすの朝はもういないだろう．おやすみなさい」と語りかけました．春一番に乗って天上に登っていったみたいだった．死に方も教えてくれたように思った．紅梅の花が三輪咲いたのを切ってきてくれと言い，それを見ながら死んだと泰子さんにうかがいました．津名道代さんは，「まだしたいこと，せねばならぬこと，たくさんあるが，明日の朝はもういのちがないだろうなあ」という，2月28日夜の岡先生の言葉を友人から伝えられました．「解けない問題が二つあったな」とつぶやいたという証言も伝えられています．

岡先生は30代の半ばにハルトークスの逆問題を造形し，クザンの問題や展開の問題の力を借りて，まず単葉領域において解決し，それから内分岐点をもたない有限多葉領域において解決しましたが，本来のねらいは内分岐点をもつ多葉領域においてハルトークスの逆問題を解くことでした．その延長線上には多変数の代数関数論という夢のような理論が見え隠れしていました．不定域イデアルの理論を構築したのもこの夢の実現をめざしてのことでしたが，「境界問題（問題F）」の解決にめどがたたず，ついに未完に終わりました．何千枚とも知れない日付入りの大量の研究記録が遺されました．論文に結実して公表にいたった研究は3篇（連作「多変数解析関数について」の第7，8，9論文）．その土台には，実らないままに終った強靭な思索の歴史が広がっています．数学に理想があり，夢の構築と実現に向けて歩み続けた生涯でした．解けた問題のすばらしいことは言を俟たないとして，岡先生の真の偉大さはかえって解けなかった問題のほうにこそ感知されるように思います．

第10論文「擬凸状領域を生成する新しい方法」はハルトークスの逆問題とは関係がありませんが，緒言を一読すると，今日の数学の姿を顧みて「まるで冬のようだ」と嘆息する岡先生の言葉が読む者のこころに響きます．今日の数学は抽象に向う傾向が見られる．われわれの多変数関数論も諸定理はますます一般的になるばかりであり，なかには複素変数の空間から離れてしまったものさえある．これは冬景色ではないかと岡先生はいうのです．数学とは何かという問いを考えていくうえで重大な問題が提起されたのですが，数学者と数学史家の間でこの問題が語り合われたことはありません．「私は長い間，もう一度春がめぐってくるのを待ち続けた」と岡先生の言葉が続きます．没後40年の節目が顧みるためのよい機会になるよう，期待しています．

IV. 数学史と数学史論

52. 曲がっているものは曲がっていない

ニコラウス・クザーヌスは15世紀のドイツの宗教者で，西田幾多郎先生にもしばしばクザーヌスへの言及が見られます．神秘主義者として語られることの多い人物ですが，同時に数学者でもあり，古代ギリシアの円積問題，すなわち「与えられた円と同じ面積をもつ正方形を作図せよ」という問題の考察を通じてサイクロイド曲線の認識に到達したと言われています．

クザーヌスの父はヨハン・クリフツ（Johan Cryfftz）という人で，裕福な船主(ふなぬし)でした．モーゼル川を運航する船をたくさん所有していたのでしょう．Cryfftz は Krieffts とか，Kreves などと綴られることもあるというのですが，このあたりの事情はよくわかりません．ドイツ語で表記すると Krebs となります．クレブスと読み，「蟹」という意味の言葉です．クザーヌス自身は青年時代までは Nikolaus Cancer，Nycolaus Cancer de Coese などと名乗っていたそうです．Cancer は「蟹」という意味のラテン語で，カンケルと読みます．ドイツ語で名を名乗る場合には Niclas von Cuse という表記を使用しました．「クースのニクラス」ということで，クースというのは生地の町の名前です．このクースをラテン語で表記すると Cusanus，すなわちクザーヌスとなって，ニコラウス・クザーヌスにだんだん近づいてきます．英語なら Nicholas of Cusa，すなわち「クーサのニコラス」となります．名前の表記ひとつをとってもこんなふうで，なかなか煩雑です．兄弟は4人．生地のクースはモーゼル川の中流の沿岸沿いにあり，トリーアから30キロメートルほどとのことですが，トリーアでしたらカール・マルクスの生地ですので聞いたことがあります．

西田先生をはじめ日本には注目する人が多く，著作の翻訳もたくさん出ています．手近なところで入手しやすいのは『学識ある無知について』(訳者は山田桂三) という本で, 平凡社ライブラリーの一冊です. 不思議な言葉がびっしりと敷き詰められていて,「わかった」という感じにはさっぱりならないにもかかわらず, なぜか心を惹かれます. 全体は 3 部構成で, 第 1 部は 26 個, 第 2 部は 16 個, 第 3 部 12 個の章で編成されています. 数学が頻出するのは第 1 部ですが, 第 2 部でも,

〈無限の線とは無限の直線であり, 全ての線的存在の原因であるのに対して, 曲線は線という点では無限の線に由来するが, 湾曲という点に関して言えば, 無限の線によるのではない. 湾曲性は有限性に基づく. すなわち, 曲線は最大の線でないから湾曲しているのである.〉(第 2 部, 第 2 章)

などという言葉に出会います.「曲がっている線」はまるで無数の「真っ直ぐな線」が連なって作られているかのようで, どことなく接線というものの影が射しているかのような印象があります.

第 2 部, 第 14 章の表題は「無限な線は三角形であること」, 第 15 章の表題は「この三角形は円であり, 球であること」というのですから, 無限直線と三角形と円と球はみな同じものであることになります. 第 18 章には,

〈最大限にか最小限に湾曲しているものは真っ直ぐなものにほかならないわけだから, 湾曲したものに内在する「有」(esse) は「直」の分有によって与えられる.〉

という言葉も見られます. 曲線を曲線であらしめているのは, そこに分有されている線分であるという思想です. ライプニッツまであと一歩. 無限解析の泉のその奥底には, もうひとつの神秘の泉が控えています.

53. ゼロより大きくもなく，ゼロより小さくもなく，ゼロに等しくもない

数学の世界に，虚量もしくは虚数を導入しようというアイデアはいつころ発生したのでしょうか．西欧近代の数学のはじまりのころに立ち返ると，16 世紀のイタリアにシピオーネ・デル・フェッロ，タルタリア，フェラリ，カルダノという人びとが現れて，3 次と 4 次の代数方程式を解くことができるようになりました．「解く」というのは「代数的に解く」ということで，方程式の係数に対して代数的演算，すなわち加減乗除の演算と「冪根を作る」という 5 通りの演算を施して，根を表示する力のある式を組み立てることを意味していますが，最後の「冪根を作る」というところに大きな問題がひそんでいます．なぜなら，3 次や 4 次の方程式を待つまでもなく，2 次方程式を解こうとする段階ですでに冪根の中味が負の数になることがあるからです．「自乗すると負数になる」という性質を備えた何物かに直面せざるをえませんが，その何物かの正体は容易につかめません．

それにもかかわらず，無意味なものとして捨て去られるようなことにはなりませんでした．実際，カルダノは $\sqrt{-9}$ を例にとって，「$\sqrt{-9}$ は $+3$ でも -3 でもなく，何かしら秘められた第三の種類のものである」などという不思議な言葉を残しています．このような片言隻句に接してはっきりと感知されるのは，正体の不明な何物かを凝視するカルダノその人の姿です．虚量もしくは虚数というときの「虚」というのは imaginaire（想像上の）という形容詞の訳語ですが，この一語の初出はカルダノの次の時代のデカルトの著作『幾何学』です．デカルトにも拒絶の姿勢は見られません．ヨハン・ベルヌーイとオイラーの時代になると神秘感もまた一段と深まって，$\dfrac{\log\sqrt{-1}}{\sqrt{-1}}=\dfrac{\pi}{2}$ という，見るからに不思議な等式を書きました．ここには $\sqrt{-1}$ ばかり

か，その対数まで顔を出していて，しかも両者の比を作ると単位円の面積の半分になるというのです．対数の無限多価性が正しく解明される前に書かれた等式ですので，厳密に言うと必ずしも正しいとは言えないのですが，ヨハンに数学を学んだオイラーは，表裏の消息をすべて承知したうえで，これを「ベルヌーイの美しい等式」と呼びました．虚数の対数の正体を考察するうえで，強力な「考えるヒント」になったことを重く見たのでしょう．ヨハンもオイラーも，カルダノやデカルトと同様に，虚数や虚量を自覚的に受け入れようとする姿勢が際立っています．

オイラーは「方程式の虚根の研究」(1751 年) という論文で方程式の虚根に言及し,「これらの (代数方程式の) 根のすべてが実量になるわけではなく，それらのうちのいくつかが虚量であったり，あるいはまたすべての根が虚量であったりすることはごくひんぱんに起る」という現象を指摘しました．これだけなら驚くほどのことではありませんが，虚量の定義を書いているのは驚嘆に値します．その定義というのは実に,「ゼロより大きくなく，ゼロより小さくなく，ゼロに等しくもない量は虚量と呼ばれる」というのです．

自乗したら -1 になる量，すなわち $\sqrt{-1}$ や，一般に $a+b\sqrt{-1}$ は虚量です．なぜなら，このような量は正ではなく，負ではなく，ゼロでもないからです．それなら虚量とは「何かしらありえないもの (*quelque chose d'impossible*)」であることになりますが，ありえないからといって拒絶されることはなく,「代数方程式はその次数に等しい個数の根をもつというとき、実根と虚根のすべてを根の仲間に数えなければならない」と，ガウスが証明した「代数学の基本定理」をガウスに先立って明記するというふうで，オイラーの姿勢はどこまでも前向きです．数学的思索の対象は存在を確信する人びとの実在感に支えられて，定義に先立ってすでに存在していることを，虚数を語る言葉の連なりはまざまざと示しています．

54. y 軸は必要か

平面上に直交する 2 本の直線を引くと，直交座標系が構成されます．それぞれの直線に正負の方向が定められ，平面上の点の位置をこれらの軸との関連のもとで表示するというのが直交座標系のアイデアで，一本の直線を x 軸，もう一本の直線を y 軸と呼ぶのが通例の姿です．たいていの場合，x 軸は水平に引き，y 軸は垂直に引きますから，x 軸は横軸，y 軸は縦軸と呼ばれることもありますが，習慣的にそうしているという以外に特別の理由はありません．では，軸が 2 本と定められたのはいつのころからなのでしょうか．

曲線を方程式で表すことを提案したデカルトに見られるのは 1 本の軸のみでした．デカルトの『幾何学』に作図器で描かれた双曲線が掲示されていて，それを表す x と y の間の方程式が書き下されていますが，よく見ると設定されているのは x 軸のみで，y 軸は見あたりません．点 A から垂直方向にのびる直線が x 軸の役割を担っています（図参照）．オイラーの著作『無限解析序説』（全 2 巻）の第 2 巻のテーマは解析幾何学で，第 1 章には「直交座標」という言葉さえすでに現れています．ところが，実際にはオイラーにとって，平面上の点の位置を指し示すのに使われる軸は 1 本で十分なのでした．

オイラーは軸上の点 A を自由に指定して，これを「切除の始点」と呼びました．変化量 x の取りうる値

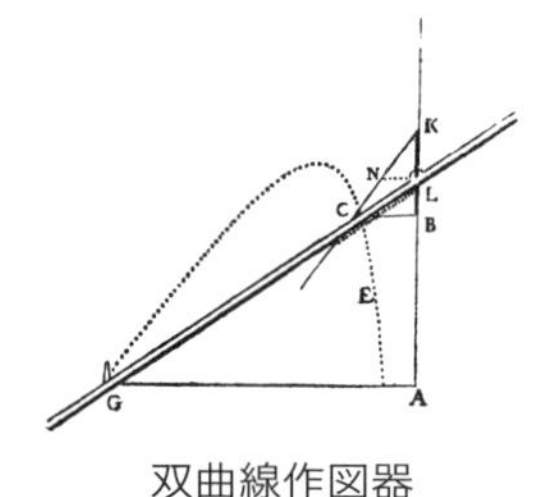

双曲線作図器

：デカルト『幾何学』より

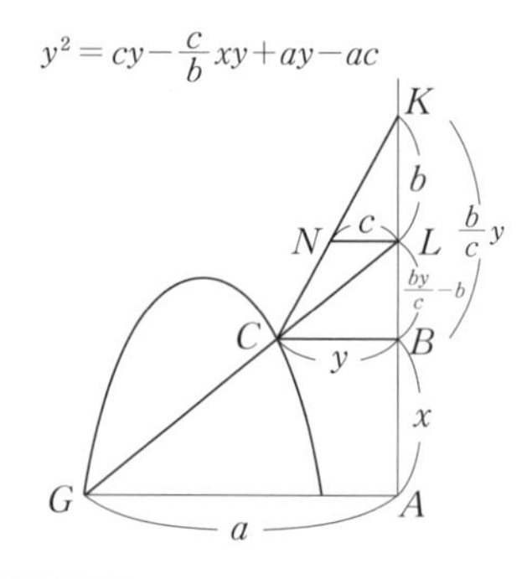

の各々に対し，対応する線分を切除の始点 A から測定して軸から切り取ると，その線分には「切除線」という呼び名がぴったりあてはまります．こうして「切除の始点つきの軸」は変化量 x の表現の場と考えられます．

今度は，変化量 x の関数 y のグラフを描いてみます．切除の始点 A が指定された軸を引き，x の値 a に対応する切除線を定めて，その終点を P とします．次に，a に対応する関数 y の値を b として，点 P から出発して b で測定される線分を軸に垂直に引くと終点 M が指定されます．線分 PM は点 M から見ると軸に向って垂直に降りていくのですから，「向軸線」という呼び名がよく似合います．このような点 M の全体の描く曲線が関数 y のグラフですから，グラフの各点には切除線と向軸線という二つの数値がはりついていることになりますが，それらを合せて考えるとき，「それらは直交座標と呼ばれる」というのがオイラーの言葉です．切除線 a と向軸線 b の組 (a, b) を点 M の直交座標と呼ぶという考えが表明されたのですが，向軸線 b を認識するのに x 軸に直交する y 軸は不要です．

オイラーばかりではなく，ガウスがガウス平面を提案したときも，軸はやはり1本でした．ガウスの論文「4次剰余の理論 第2論文」によると，「実量はどれもみな，二方向に限りなく伸びる直線上に任意に取った始点から，単位として設定した線分を基準にして測定して切り取られた線分により表示される」とのこと．この直線が x 軸です．「まさしくそのように，各々の複素量は無限平面上の点により表示される」とガウスの言葉が続きます．「その無限平面上では，ある定直線が実量の表示に用いられる．すなわち，複素量 $x+yi$ は，その切除線が x に等しく，その向軸線が y に等しい点によって表示される」というのですが，y は軸に垂直に立てられた線分によりそのつど表示されるのですから，基準になる y 軸は不要です．y 軸はあっても別段じゃまになるものではありませんが，元来なくてもさしつかえのないものだったのでした．

55.「パリの論文」の行方

19世紀の数学に遍在するロマンチシズムをよく象徴するリーマンの論文「アーベル関数の理論」の出発点はアーベルの「パリの論文」，すなわち「ある非常に広範な超越関数族のひとつの一般的性質について」ですが，この論文のたどった数奇な運命はアーベルの生涯の悲惨な印象と重なり合って，深い感慨を誘います．

アーベルのパリ到着は1826年7月10日．それから「パリの論文」の執筆に打ち込む日々が続き，書き上げた論文を科学アカデミーに提出したのはすでに秋10月30日のことでした．6日前の10月24日には故国ノルウェーの友ホルンボエに宛てて「パリの論文」の完成が近いこと，よい論文であることを確信していることを伝え，科学アカデミーの所見を聴くのを熱望しているという心情を語りました．

ルジャンドルとコーシーが審査し，その結果をコーシーが科学アカデミーで報告することになっていましたので，アーベルはよい評価が得られることを期待して待ち続けました．ところが何も反応がないまま日々がすぎ，待ちきれない状態に陥ったアーベルは年末12月29日に失意のうちにパリを離れました．滞在資金が底をついてしまったのです．

アーベルの没後，アーベルの全集を編む話が持ち上がり，編纂を担当することになったホルンボエはアーベルの未発表の原稿のすべてを集めようとして，パリの科学アカデミーに依頼して「パリの論文」の写しを入手しようと試みましたが，返答が得られませんでした．1839年に刊行されたアーベルの最初の全集に「パリの論文」が収録されなかったのはそのためです．

アーベルとしてもまったく沈黙を守っていたわけではありませんでした．「ある種の超越関数の二，三の一般的性質に関する諸注意」(1828年) という論文で「パリの論文」の特別の場合の考察を報告し，しかも冒頭に脚註を附して，1826年の終わりころ，完全に一般的な代数的微分式の積分 (リーマンはこれを「アーベル関数」と呼びました．今日の語法では「アーベル積分」) に関する論文をパリの科学アカデミーに提出したと書き記しました．これに気づいたヤコビがルジャンドルに手紙を書いて「パリの論文」の行方を尋ねたところ，コーシーの手もとにあるという返答がありました．ルジャンドルは忘れ去り，コーシーは放置していたのです．ヤコビの手紙の日付は1829年3月14日．ルジャンドルの返信の日付は4月8日で，その二日前の4月6日にアーベルは世を去っています．

Giovanni Fagnano
(1715–1797)

政情の不安な時期のことでもありました．翌1830年，フランスで革命が起り，コーシーは王とともに亡命．そのおり「パリの論文」はコーシーが後に残した多くの文書の山に埋もれて忘れられました．1840年になってようやく発見され，翌1841年になって印刷に附されてフランスの学術誌に掲載されたましたが，その後，リーとシローが二度目のアーベル全集 (1881年) を編纂することになり，科学アカデミーに問い合わせたところ，アカデミーの文書館には存在しないとの返答がありました．「パリの論文」はまたも行方不明になったのでした．

「パリの論文」はイタリア生れの数学者グリエルモ・リブリの手にわたり，数奇な運命をたどりました．イタリアのフィレンツェのモレニアーナ・リッカルディアーナ図書館で，一部分ではありますが，再び発見されたのは実に1952年のことでした．

56.「アーベルの定理」という呼称の由来

アーベルの名を冠する「アーベルの定理」はいくつか存在しますが，もっともよく知られているのは，代数方程式論における「不可能の証明」(次数が4を越える一般代数方程式の代数的解法が不可能であることを教える定理) と，閉リーマン面上の解析関数の存在条件を教える定理であろうと思います．後者のアーベルの定理は1変数代数関数論のもっとも奥深い場所に横たわる命題で，これを解析関数の存在条件と見る解釈はヘルマン・ワイルの『リーマン面のイデー』などに見られますが，アーベルが表明した一番はじめのアーベルの定理の実体はアーベル積分の加法定理でした．第1種アーベル積分に限定してアーベルの定理を書き下して積分記号を取り去ればある種の変数分離型微分方程式系が出現し，加法定理がもたらす代数方程式系はその代数的積分を与えていると理解することも可能です．両々相俟って，オイラーが発見した楕円積分の加法定理の延長線上に位置を占めています．

アーベルの加法定理が数学史上にはじめて現れたのは1826年の秋10月のことで，パリに逗留中のアーベルは後に「パリの論文」と呼ばれることになる長編を書き上げて科学アカデミーに提出しました．もっとも「パリの論文」はだれの目にも留まらないままに一時期行方不明になるという不幸な運命に見舞われてしまったのですから，これをもって「アーベルの加法定理が出現した」とは実際には言えないかもしれません．それからの出来事を時系列に沿って追っていくと，超楕円積分を対象にして加法定理を書いたアーベルの論文「ある種の超越関数の二, 三の一般的性質に関する諸注意」が『クレルレの数学誌』，第3巻，第4分冊に掲載されました．発行日は1828年12月3日．ヤコビはこの論文で加法定理を知りました．同時に「パリの論文」をパリの科学アカデミーに提出したことを伝えようとしてアーベルが書き留めた脚註を見て「パリの論文」の存在をも認識し，ルジャンドルにも伝えました．これがアーベルの加法定理の事実上の初出です．

ルジャンドルの著作『楕円関数とオイラー積分概論』の「第3の補足」に記入された日付は1832年3月4日．ヤコビがこの著作の書評を書いて『クレルレの数学誌』第8巻（1832年）の記事「出版便り」に掲載されたとき，そこには1832年4月22日という日付が記入されました．この書評の中に，ルジャンドルがクレルレに宛てて書いた1832年3月24日付の手紙の一節が引用されています．ルジャンドルは「アーベルの美しい定理からまったく新しい理論を取り出した」と報告し，その理論に対して「超楕円関数の理論」という呼称を提案しました．ところがヤコビは同意しませんでした．楕円積分を越える積分をはじめて取り上げたアーベルにちなんで「アーベル的な超越物」と呼びたいというのがヤコビの意見です．「アーベルの美しい定理」について，ルジャンドルは古代ローマの詩人ホラティウスの詩集『カルミナ』の第3巻，第30歌の冒頭の一文 exegi monumentum aere perennius（エクセーギー・モヌメントゥム・アエレ・ペレッニウス．「私は青銅より長もちする記念碑を築いた」）を典拠にして monumentum aere perennius と呼びました．高木貞治先生は『近世数学史談』においてこれを「金鉄よりも久しきに堪ゆる記念碑」と訳出しています．

アーベルの加法定理の印象がよほど深く心に刻まれたためか，ヤコビは書評の途中で加法定理に言及し，「この定理それ自体には，この並はずれた精神のもっとも美しい記念碑として，アーベルの定理という名が真に相応しい」と書きました．これがアーベルの定理という言葉の初出です．ヤコビは会ったことのない2歳年長のアーベルを尊敬し，ルジャンドルの意向に反してまでアーベルの遺産の継承に努めるという，侠気に富み気骨のある人物でした．

57. 定義が次第に變つて行くのは，それが研究の姿である

最近，将棋雑誌『将棋世界』の 30 年以上も前のバックナンバーを何冊か見る機会がありました．あれこれとながめている中に昭和 60 年 (1985 年) 4 月号に「金子教室　米長，強腕を発揮王将戦第二局」という記事があり，久々に将棋九段金子金五郎先生の観戦記に接しました．中原誠王将に米長邦雄八段が挑戦するという一戦の観戦記を金子九段が担当したのですが，指し手の分析に先立って「定跡とは何か」という主題をめぐる所見が配置されています．以下，摘記してみます．

> 古くから「道があるから人が歩くのでなくて，人が歩いているうちに道ができたのだ」という警話があるが，定跡という誰も用いる指し方も，それができあがる前に，多勢の人がいろいろの試みをしているうちに，余計な部分は捨てられ，あるいは，整理統合されてでき上った一つの型なのである．…定跡の成立をとげたものは，客観的なものであるが，それを分解すると，各人の主観的な棋風という各要素に還元できる．…プロの序盤がしっかりしているのは，その時代の定跡をアマの人々がよくやる単に必勝法の辞典として受けとることをせず，その内にある各要素── すなわち先人の棋風（発想と新手をふくむ）をも併せて吸収する努力をした賜物である．…また，定跡は破らねばならないものである．そういう転換期が必ず訪れていることはこれまでの歴史が明に示している．かくてまた前にいったように各人は自分の持つ棋風―主観性をモトにして「歩み」をはじめる．そしてそれがある点に達すると整理統合されて新定跡なるものが出現する．

金子九段は「定跡とは歴史である」という言葉を遺したことで知られています．この主題はここに引いた言葉の数々にも色濃く反映されていて，読むほどに神秘的な印象に誘われますが，その印象は数学にそのまま通じ，「将棋の定跡は数学の定義とそ

っくりだ」としみじみと思ったことでした．金子九段は岡潔先生のエッセイの愛読者でもありました．お訪ねしたおりに岡先生の『春宵十話』が話題にのぼり，「情緒というのは何でしょうね」「わからないですね」などというそこはかとない言葉を交わしたものでした．その岡先生が遺した大量の研究記録の中に「研究ノ記録　其ノ六」と表紙に記入された1冊のノートがあります．丸善のA5版ノートで，冒頭にはリーマンの学位論文「1個の複素変化量の関数の一般理論の基礎」が目次と本文の第6節まで書き写されていて，それから日付入りの研究記録が始まります．おりしも不定域イデアルの研究に心身を傾けていたころでした．「イデアル及ビ合同 $\sum FX = 0$ の形式解ヲ局地的ニ求メル研究」という基本方針が掲げられ，終戦の年の昭和20年12月14日の記事「立案」から説き起こされて「誤謬と対策」「探索」「立案ノタメノ探索」「基本定理ノ構想」「予備定理（素描）」などという魅力的な言葉が連なって年末12月29日に及びますが，昭和20年12月27日の記事を閲覧していたとき，「定義が次第に變つて行くのは，それが研究の姿である」という言葉が目に留まりました．心情のカンバスに描かれた不定域イデアルの姿に言葉を与えようとして苦心の日々を重ねていたのでした．

Gaston Maurice Julia
(1893-1978)

　将棋の定跡を必勝法の辞典と受けとるとたちまち勝てなくなってしまうように，定義の文言から出発すると数学は単なる暗記物になってしまいます．「定義から」ではなく「定義まで」．将棋の定跡が歴史なら，数学の定義もまた歴史です．定義を綴るわずかばかりの文言には数学の創造に携わった数学者たちの心情が凝縮され，複雑に交錯し，しかも新たな変容を受け入れる余地がいつでも残されています．

58. アーベル方程式は変遷する

岡潔先生の研究ノートを閲覧して「定義が次第に變つて行くのは，それが研究の姿である」という言葉に出会ったときは目の覚めるような思いがしたものですが，そのおりに即座に念頭に浮かんだのはアーベル方程式のことでした．今日の数学の語法では，アーベル方程式というのは「そのガロア群がアーベル群であるような代数方程式」のことで，この言葉の初出はカミーユ・ジョルダンの著作『置換および代数方程式概論』(1870 年) です．ジョルダンはアーベル群という言葉を使ったわけではなく，「そのガロア群が相互に交換可能な置換だけしか含まないような方程式」をアーベル方程式と呼びたいと提案したのでした．きれいな文言ですが，この定義から出発するとアーベル方程式というものの出所来歴が隠されてしまい，代数的可解性の根底にあるものもまた見えにくくなってしまいます．

アーベル方程式の泉を求めて歴史の流れをさかのぼると，「クレルレの数学誌」第 4 巻 (1829 年) に掲載されたアーベルの論文「ある特別の種類の代数的可解方程式の族について」に逢着します．この論文の表題に見られる「ある特別の種類の代数的可解方程式」というのがアーベル方程式です．代数的可解性を左右する究極の要因は「諸根の相互依存関係」にひそんでいるというのがアーベルの認識で，アーベルはこれをガウスの円周等分方程式論に学びました．円周等分方程式の代数的可解性の根拠は円周等分方程式の諸根の巡回性に宿っています．アーベルは正しくこれを洞察して巡回方程式の概念を抽出し，なお一歩を進めてアーベル方程式の概念を立てました．代数方程式 $f(x)=0$ が巡回方程式と呼ばれるのは，あるひとつの根 α と有理式 $\varphi(x)$ を用いて，すべての根が $\alpha,\varphi(\alpha),\varphi^2(\alpha),\cdots$ という形に表される場合です．この状況を拡大し，すべての根がある

ひとつの根 x の有理式の形に表示され，しかも x のほかの任意の 2 根 $\theta x, \theta_1 x$ に対して $\theta\theta_1 x = \theta_1\theta x$ という可換性条件が満たされる場合を想定すると，アーベル方程式の概念に逢着します．ただし，アーベル自身は巡回方程式やアーベル方程式のような特定の呼称を提案したわけではありません．

クロネッカーはアーベルによるアーベル方程式のアイデアに深く共鳴して「アーベル方程式の構成問題」を立て，ジョルダンとは別の経路を通ってアーベル方程式という呼称を提案しましたが，定着するまでには長期にわたる思索の遍歴がありました．何をもってアーベル方程式と見るべきなのかという論点をめぐって，迷いと逡巡があったのです．アーベル方程式の一語はすでに 1853 年の論文「代数的に解ける方程式について」に現われていて，今日の語法では，その実体は巡回方程式です．1877 年の論文「アーベル方程式について」に移ると，それまでのアーベル方程式，すなわち巡回方程式をこえる代数的可解方程式に出会ったことを踏まえて，それをあらためてアーベル方程式と呼ぶという考えが表明されました．ジョルダンの提案を受け入れることにしたのですが，これに伴って従来のアーベル方程式は「単純アーベル方程式」という名になりました．

こののち事態はもう一度変遷します．1882 年の論文「アーベル方程式の合成」には「多重アーベル方程式」が登場します．アーベル方程式の「合成」の場において「特別の取り扱いが必要とされるのは単純アーベル方程式のみである」ことが自覚されたためにまた工夫を凝らし，単純アーベル方程式を単にアーベル方程式と呼び,「単純ではないアーベル方程式」には「多重」という形容詞を附してその特徴を明示するのがよいのではないかという考えに傾いたのでした．1853 年から 1882 年にいたるまでに 29 年の歳月が流れ，深まりゆく思索に随伴してアーベル方程式の定義は幾重にも変遷を重ねました．岡先生の言葉があまりにもみごとにあてはまる情景です．

59. 集合論はどこがおもしろいか

岡潔先生は抽象化に向かう現代数学の趨勢を嫌悪して，ことあるごとに批判を繰り返しましたが，その抽象化を強力に推進したブルバキのリーダーのアンドレ・ヴェイユは，岡先生の多変数関数論研究に早くから着目し，高く評価していました．ヴェイユと岡先生は二度会いました．一度目は昭和 30 年 9 月のことで，正確な日にちはわかりませんが，ヴェイユは「代数的整数論国際シンポジウム」に出席するためにはじめて来日し，岡先生に会うためにわざわざ奈良に足をのばしたのでした．お供をしたのは秋月康夫先生ただひとりで，夕刻，奈良市高畑町の料亭「菊水楼」で会食しました．

ヴェイユは数学者として歩みを始めたころ，まだ十代の若い日に多変数関数論に心を奪われたことがあり，「コーシーの積分と多変数関数」という，岡先生の研究の前半期，すなわち不定域イデアルの理論ができる前の時期において重要な役割を果たした論文を書きました．友人のアンリ・カルタンに多変数関数論研究を吹き込んだのもヴェイユですし，そんなヴェイユですから後年の岡先生の研究の真価を理解することができたのでしょう．

岡先生とヴェイユの間でどのような言葉が交わされたのか，詳しいことはもうわかりませんが，岡先生は晩年の著作『春雨の曲』の中にわずかな消息を書き留めています．この来日のおりにヴェイユは東京で日本の若い数学者たちと盛んに語り合う機会がありました．そのおりにヴェイユは「数学者は詩が作れなくてはだめだ」「これからみんなぜひ詩を自国語で詠みなさい」と言って，俳句を作らせたとのこと．これを岡先生は「ヴェイユは詩なくして数学はないと思っている」と受けとめました．秋月先生からヴェイユのうわさを聞いて，そんな印象を心に刻んだのでしょう.

そのヴェイユに向かい，岡先生は「ブルバキ流の集合論はどういうところがおもしろいのですか」と尋ねました．岡先生の見るところ，もともと集合論は数学の伝統を破っているのですが，ヴェイユの集合論はその集合論の伝統をさらに破ったものであるというのです．岡先生の念頭には，集合論の土台の上に全数学を構築していこうとするブルバキの姿勢が描かれていたのかもしれません．岡先生の率直な問い掛けに対し，ヴェイユは「まだ説明してない言葉で仮定を述べなければならないことがよく起る．そのときの説明の仕方を工夫するのがわたしは大好きである」と応じました．これを聞いた岡先生は,「それならわたしの論文Ｉ－IXの書き方と本質において同じことである」と思いました．「無から有をあらしめる」という姿勢に共感を覚えたのでしょう．

岡先生のいう「わたしの論文Ｉ－IX」というのは多変数関数論の「ハルトークスの逆問題」の解決を報告する，あの偉大な9篇の連作『多変数解析関数について』を指しています．抽象化を冬景色になぞらえて慨嘆したほどの岡先生ですが，ブルバキのリーダーのヴェイユと語り合い，数学の行き方は本質において自分と同じであると共鳴し，共感の意を表明しました．まことに雲をつかむような話ですが，達人同士のことでもありますし，どこかしら数学を越えた場所に，通い合う路が開かれたのでしょう．人が人に会うことの神秘を感じさせる，真に感銘の深いエピソードです．

昭和36年4月14日，来日したヴェイユ夫妻は奈良に向かい，奈良ホテルに岡先生を招きました．これが岡先生とヴェイユの二度目の出会いです．薄日の射す一日でした．翌15日は雨になりました．今度は岡先生がヴェイユ夫妻を菊水楼に招待し，長い時間をかけて夕食をともにしました．

60. ガウスのようにはじめよ

昭和30年9月，はじめて来日したアンドレ・ヴェイユは奈良に岡潔先生を訪ねて歓談のひとときをもちましたが，ヴェイユの来日の目的は，9月8日から13日にかけて東京と日光で開催される「代数的整数論国際シンポジウム」に出席することでした．戦後間もない時期の国際会議であり，海外からアンドレ・ヴェイユ，クロード・シュヴァレー，ジャン・ピエール・セール，エミール・アルチン，アルフレート・ブラウワー，マックス・ドイリングなど，著名な数学者たちが来日し，日本の数学者たちも大勢参加して，後々まで語り継がれることになる活気のあるシンポジウムになりました．東京の会場になった第一生命ビルの屋上での集合写真には，内外の77人の数学者が勢揃いしています．名誉議長は高木貞治先生でした．

9月8日は前夜祭．10日の午後，ロマンス・カーで日光に移動しましたが，この日の夜，S.S.S.の三人のメンバー S, K, Y が日光のフジホテルにヴェイユを訪ねました．S.S.S.は「新数学人集団」の略称で，「えすえすえす」と読みますが，ときおり「スリーエス」と読む人もいます．東京大学の数学科の卒業生たちの集まりで，熱く数学を語り合う人びとでした．ヴェイユの目には S.S.S.は「日本のブルバキ」と映じたようでしたが，ヴェイユはヴェイユでブルバキの創設メンバーです．本家本元のブルバキと日本のブルバキとの対話がこうして始まりました．S.S.S.の機関誌「月報」第3巻，第3号（昭和31年2月）に「A.Weilに接して」という記事があり，この対話の模様が再現されています．著者は谷山豊です．

とにかくも自分のアイデアをもって始めるようにと，ヴェイユは数学研究の場でのアイデアの重要さを指摘し，それから「ガウスはそうだった」と言い添えました．君たちもガウスのように始めよ．そうすればまもなく君たちは，自分がガウスではないことを発見するだろう．それでもよいから，とにかくガウスのように始めるようにとヴェイユはきっぱりと言うのです．ではアイデアとは何かといえば，アイデアはふっと浮かぶものだとのこと．なぜ浮かんだのか，自分にもわからないことが多いが，数学の才能をもった人というのはよいアイデアを見出すことのできる人のことだ．数学には才能が必要で，天才というものはたしかにある．ガウスをみたまえ．ガロア，アーベルをみたまえ．数学者として生まれついている人というのはいるのだというのがヴェイユの意見です．

S.S.S. の三人のうちのひとりが，「私は代数関数論をワイルのリーマン面から勉強し始めたが，あれにはテータ関数が書いてないので，リーマンを読むまでヤコビの逆問題の意味を誤解していた」と発言したところ，ヴェイユは即座に「リーマンから始めるべきだ」と明快に応じ，「私はリーマンから始めたので誤解しなかった」と言葉を連ねました．このあたりの気魄に満ちたやりとりにはまったく間然するところがありません．

60 年の昔，日本の若い数学者たちに向かって「ガウスのように始めよ」という，謎めいたアドバイスを語りかけたヴェイユは昭和 30 年 9 月の時点で満 49 歳．ブルバキの仲間の中で唯一の数学史家でもありました．

10 月 25 日は火曜日でした．この日の夜 9 時半，羽田からヴェイユの乗った日航機が飛び立ちました．冷たい風と雨の吹きつける日であったと，谷山豊は「A.Weil の印象」(「数学」第 7 巻，第 4 号．昭和 31 年) に書きました．

61. 過渡期の数学

高木貞治先生は1930年代ころから数学の抽象化に大きな関心を寄せ始め，機会をとらえては盛んに発言を繰り返しました．エミー・ネーターの代数学研究に始まる抽象化の流れが急速に拡大し，数学全体を覆い尽くそうとするかのような勢いを眼前に見て，これを過渡期と認識した模様です．昭和9年11月5日，高木先生は大阪帝国大学数学教室において「過渡期の数学」という題目を立てて一場の講演を試みました．直後の11月24日には，今度は東京文理科大学と東京高等師範学校内の大塚数学会において，同じ演題で講演していますし，昭和16年11月15日にはまたも大塚数学会で「数学に於ける抽象．実用．言語．教育等々」という講演を行いました．岩波書店の「科学」にも「数学・世界・像」(昭和12年)，「現代数学の抽象的性格について」(昭和25年) という，抽象化とは何かを問う2篇のエッセイを寄せました．

高木先生の見るところ，数学史はニュートンの時代とガウスの時代にすでに二度の過渡期を経験し，現在は三度目の過渡期です．抽象とは，もとあった具体的なものを取り除けて，すべてを含む新しいものを作り出すということにほかなりません．

今は抽象化が際立って目立つ時代です．歴史というものは振り返ってみてわかるものですから，現代がはたして過渡期であるのか否か，それはわからない．わからないけれども，今は過渡期である．すなわち，急激に変りつつある時代であるのは確からしいと高木先生は語り，なぜかというと，少しなまけているとわからなくなってしまうからというのです．勉強をなまけてわからなくなるのはだれかというと高木先生自身のことで，「それは現に私が実験しつつある」とおもしろいことを言いました．現在は数学の過渡期である．これが，高木先生が提出したテーゼです．

抽象化は第一次世界大戦の終りころから起りつつある現象ですが，それに先立って数学の世界に行き詰まりが現れました．実際，デデキントのイデアル論とマックス・ネーターの代数曲線論の「二つの区切られた部屋」の行き詰りを打開しようとするところに，マックス・ネーターを父にもつエミー・ネーターの初心がありました．新局面を開く力はカントールのいう「数学の自由性」に求められます．自由性はフライハイト（Freiheit）の訳語で，とらわれない，拘束されないということを意味します．数学でよく拡張ということをいいますが，真の拡張はフライ（frei）でなければできず，拡張するためには元あった制限を除かなければなりません．それが抽象化ということの本質で，「抽象の過程が時期に投じた」のですから，数学は行くべくして行く道を歩んでいることになります．ただし，どこまで進んで行くのか，それはわかりません．

現在は，というのは大阪帝国大学で講演が行われた昭和９年ころのことになりますが，変化が始まったばかりであるから，それだけですんでしまうものかどうか，それもわからない．もっと先に進んでいくかもしれないし，さらに新しい動機が加わってくるかもしれない．高木先生は西欧近代の数学の流れを回想し，眼前の現象をこんなふうに観察しました．抽象化の時代の到来に必然性を感知しながら，しかも同時にその行く末に向けてぼんやりとした不安を感じているかのような口ぶりです．現状認識の正確さといい，将来を展望して期待と不安を同時に表明する心といい，まことに鋭敏な感受性というほかはありません．類体論の高木先生は当代一流の数学史家でもありました．

62. ポアンカレの言葉——論理と直観

ポアンカレは数学や物理学，天文学に題材を求めて幾冊ものエッセイを書いた人でした．最初のエッセイ集『科学と仮説』の出版は 1902 年．ポアンカレの生年は 1854 年ですから，このとき 48 歳です．それから『科学の価値』(1905 年)，『科学と方法』(1908 年)，『科学者と詩人』(1910 年）と続き，第 1 次世界大戦を前にして 1912 年に亡くなりましたが，没後，遺稿を整理して『晩年の思想』(1913 年）が刊行されました．「数学とは何か」，「数学的発見とは何か」という，数学の根幹に触れる問いをみずからに問いかけるところに特色があり，読む者の心をおのずと数学の深淵へと誘う力が備わっています．以下に挙げるポアンカレの言葉は岩波文庫の 1 冊『科学と方法』(吉田洋一訳）からの引用です．漢字の表記は正字体を今日通有の字体にあらためました．

> 前世紀（註．19 世紀）の中頃以来，数学者は絶対的厳密に達しようと次第々々に心を用いるようになった．…厳密のみが数学の全部ではない．しかし厳密がなければ数学は何の価値もない，厳密でない証明は無にひとしい．… しかしながら，これをあまりに文字どおりにとるならば，たとえば一八二〇年以前には数学はなかったと結論するの止むなきにいたるであろう．

19 世紀の後半期は厳密性ということがきびしく要請され始めた時期にあたりますが，ポアンカレは厳密性の欠如した数学には値打ちがないことを当然視しながらも，いかにも論理上の厳密性は数学の本質というわけではないと言いたそうな口振りです．厳密性を欠くように見える 1820 年以前のオイラーやラグランジュの数学もまた数学だからです．

「直観は吾々に厳密性を与えない．さらには，確実性さえ

> も与えない．直観はたとえばすべての曲線は切線をもつこと，いいかえれば，すべての連続函数は導函数をもつことを吾々に告げる．しかもこれは謬まりなのである．人が確実性を重んずるとともに，直観の活躍する範囲は，次第次第に狭められなければならなかった．」「人は間もなく，まず定義に厳密性を入れなければ推理に於て厳密性が確立されることは出来ないことを認めるに至ったのであった．」

数学の厳密性のみなもとは定義の厳密性であり，論理家の出番がそこにあります．連続関数といえば，当初は「黒板の上に白墨を以て描いた線たる感覚的の像」にすぎなかったのに，イプシロン・デルタ論法を援用すると関数の連続性はわずかな個数の不等式に分解されておぼろげな観念は消失し，「論理家の眼から見て欠点のない建築そのもののみ」が残ります．ですが，定義は「真の現実」を示すことはなく，そのうえ厳密性の追求には犠牲がつきまといます．

> 数学は厳密性に於て得るところがあったが，客観性に於て失うところがあった．その完全な純粋性を獲ち得たのは，現実から遠ざかることによってであった．人は，かつては一面に障害物に被われていた数学の領土内を自由に馳駆することができるが，かかる障害は消滅したのではない．ただ国境に移されたに過ぎない．

味わいの深い言葉がどこまでも続きます．将棋の駒の動かし方を知っても将棋を理解したことにはならないように，数学には「何かは知らぬがさらに奥深くかくれている或る数学についての朧ろげな知覚」が存在し，この「かくれた数学」こそが，「築き上げられる建物に価値を与えるもの」なのであり，数学のいのちです．「直観」を定義することはできませんが，論理をこえた直観の働きだけが「かくれた数学」を感知することができるのだとポアンカレは明快に語りました．直観主義というものの本領がここにありありと発揮されています．

63. 抽象と古典──谷山豊の言葉

新数学人集団（SSS）の機関誌「数学の歩み」の第6巻，第4号（1959年）では，急逝した谷山豊さんを回想する特集「谷山豊を悼む」が組まれました．谷山さんは昭和2年11月12日，埼玉県騎西町に生れ，浦和高等学校（旧制）を経て昭和25年（1950年）4月，東京大学の数学科に入学しました．昭和28年3月，卒業．4月，大学院特別研究生．昭和33年11月17日に池袋の静山荘というアパートで，みずから命を絶ったのですが，この時期の谷山さんは東大の教養学部の助教授です．アンドレ・ヴェイユに誘われてアメリカに留学することも決まっていましたし，だれの目にも数学者としての前途は洋々と開かれていたように思われました．満31歳の生誕日をわずかにこえたばかりという若い死で，なぜ亡くなったのか，友人たちのだれにもわかりませんでした．

特集「谷山豊を悼む」に出ている山辺敏夫（久賀道郎先生のペンネーム）の記事「谷山の数学（その1）」によると，谷山さんが東大理学部数学科に入学したとき，東大ではまだ“30年代の抽象化の嵐”が吹き荒れていました．講義そのものは伝統に縛られて古典的な内容のものが多かったということですが，数学教室全体の雰囲気が抽象数学万能で，抽象化の精神が尊重されすぎていて，抽象的なものであればどんなつまらないものでも尊重されるというふうでした．代数学では群や環のコホモロジー論のみが大流行で，ひいては類体論といえばコホモロジーという時代へと引き継がれていきました．束論というものも大流行しましたが，そのわけはといえば群や環や体にくらべて歴史が新しい代数系であるというだけのことでした．当時の学生たちにとって，この「抽象化の嵐」との対決は避けがたい運命でした．すなおに受け入れて抽象数学優等生となる人もいれば，頑強に拒絶して自滅する人もいましたし，周囲の雰囲気に押されて抽象数学へと流されていったものの，性に合わないために何となく精神の自由な発揚を感じられなくて沈滞する人もいるというありさまでした．

山辺さんは当時の数学科の学生たちをこんなふうに三通りに分けました．60年後の今日の状況を見れば思い半ばにすぎるものがありますが，谷山さんはというとどのタイプでもありませんでした．今から66年前の夏，昭和29年7月15日付で杉浦光夫先生に宛てて書かれた26歳の谷山さんの手紙には，数学における抽象と具象をめぐる立ち入った考察が書き留められています．谷山さんは抽象と古典もしくは具体を機械的に切り離すようなことはせず，数学を「無矛盾な公理系から論理的に導かれる体系」と見るような考え方も退けました．あるひとつの抽象概念が多くのものの基礎にあるが，それを体系的に発展させるのは，単なる抽象論では駄目で，それが表れている具体的な事実から帰納的に進んで行かなければならない．あるいはまた，ある部門における重要な事実はある抽象概念によりうまく表現され，またそれにより他の部門の同様の事実との関連が明らかになり，この抽象概念を使うことにより，その具体的な問題を見とおしよく進めることができる．谷山さんはファイバーバンドルの概念を例にとってこのような二通りの見方を語り，何を目的とし，何を手段として考えるかの相違ではあるけれども，「両方とも正しいとは言い難い様な気がします」と瞠目に値する所見を表明しました．

抽象化の嵐のさなかにありながらはるかに超越した場所に立っていた様子が伝わってきますが，それなら谷山さんはひとり行く孤高の道を歩いていくほかはありません．突然の若い死とまったく無関係だったのかどうか，130年前のアーベルの死がふと連想されて，深い感慨に誘われました．

64. 数学的実体とは何か
──谷山豊の書簡より

新数学人集団（SSS）の機関誌『数学の歩み』の谷山さんの追悼号には，SSS の仲間たちの谷山さんを思う言葉が並んでいます．谷山さんの書簡も集められていて，昭和 29 年 7 月 15 日付の杉浦光夫先生に宛てた 1 通もそこにおさめられています．騎西町から東京都文京区雑司谷へ．谷山さんはこの時点で満 26 歳でした．

数学的実体とは何かと，谷山さんはみずからに問いかけました。数学の実質的部分はクラシックなものにあり，抽象的なものはそれを定式化するための方法にすぎないと考えるのは変ではないか，と疑問を提示しています．数学がいよいよ全面的に抽象に向おうとしつつある時代でした．数学を無矛盾な公理系から論理的に導かれる体系と見るのも，事の本質をとらえているとは言い難い．では数学的実体とは何かといえば，もし存在しうるならという前提のもとでのことですが，「公理系により定義される抽象的な概念でもなく，又具体的に存在する，数，空間，物理現象，乃至(ないし)それ等の関係，運動法則と云うものでもない」とのこと．「具体的な多くの異ったものが，一つの抽象的な概念の下に統一され，又多くの抽象的な概念が一つの具体的なものの中で関連する」．数学の本質を究明する鍵はこの二重の関係に秘められているというのが谷山さんの所見で，この 2 重の関係が顕わになる事例として，谷山さんはまず合同ゼータ関数，次にファイバーバンドルを挙げました．

多変数関数論のクザンの第 2 問題は本質的には projective line bundle（射影直線束）の分類の問題で，「岡さんの方法は faisceau（層）の概念の一つの基礎になったものですが，岡さんが fibre bundle との類推からその様な方法に到達したのではない」と，谷山さんはここで岡潔先生を引き合いに出しました．この場面において二つの考え方が可能です.「fibre bundle なる一つの概念が多くのものの基礎にあるのであるが，それを体系的に発展させるのは，単なる抽象論では駄目で，それの表れている具体的な事実から，或る意味で帰納的に進んで行かなければならない」と考えるのがひとつ.「或る部門に於ける重要な事実は，fibre bundle なる概念によりうまく表現され，又それにより他の部門の同様な事実との関連が明らかになり，此の抽象概念を使うことにより，その具体的な問題を，見透しよく進めることが出来る」というのがもうひとつ．どちらも一理がありそうに思えますが，谷山さんは「両方とも正しい考えとは云い難いような気がします」と双方とも一蹴しました．このあたりの踏み込みが谷山さんの思索の魅力です.

数学における実体は具体的なものと抽象的なものとの交錯するその奥にある．実体なるものは固定したものではなくて，時とともに移り変って行く．昔は計算の手段として考えられた複素数が，現在ではだれもが実体と考えている．この場合，以前は実体であることがわからなかったのだと考えるよりも，18 世紀の数学では実体でなかったものが，19 世紀には実体となったと考える方が自然である．そもそも数学的実体なるものは存在しないと考えた方がよいか，さもなければ実体であるか否かの判定法は，・・・」と思索が重ねられ,「要するに，実体なんてものはどうでも良いのであって，数学の実質的部分は，興味ある定理の体系であり・・・，公理体系でもなければ，具体的なものの属性でもない」と，不思議な結論にたどりつきました．数学的実体とは何か．数学とは何か．数学研究とは何をすることなのか．答のない問いをめぐってどこまでも思索が続きます．谷山さんは真に困難な人生を生きた人でした.

65.「理論」の壁を越える

新数学人集団の機関誌『月報』と『数学の歩み』のバックナンバーの全巻が，最近になってようやく手もとに揃いました．毎日喜んで読みふけっていますが，際立っておもしろいのは初期の『月報』です．1953 年 7 月 15 日付で発行された第 1 巻，第 1 号はわずか 8 頁．粗末な紙に謄写版（ガリ版）で印刷されていて，誌面いっぱいにとても小さくてきれいな手書きの文字がびっしりと敷き詰められています．紙の酸化がひどく，手に触れるとそのたびにぼろぼろと欠け落ちてしまうというありさまですが，抽象数学との邂逅と吸収という，日本における近代数学史の一時期の姿を今に伝える貴重な文献です．第 1 巻，第 3 号の発行日は 1954 年 12 月 8 日．この号に「学習についての二三の提案――数学の見透しのために――」という記事が掲載されています．執筆者は「新数学人集団有志」とあるのみで，複数の団員が話し合って合意したことをまとめた様子がうかがわれます．数学の現状認識の表明とともに新数学人集団がこれから歩むべき道が模索され，いくつかの提案が打ち出されました．

数学を勉強していて非常に困るのは何かというと，「いったい何をやろうとしているのか」全然わからない場合がきわめて多いことですと，有志たちは率直に心情を吐露しました．自分がいまやろうとしていることの正体が明らかになれば見透しもよくなり，勉強にも一段と精が出るような気がするけれども，さっぱりわからないので困っているというのです．これ以上はないほどに素朴な問いで，正解の有無も判然としませんし，だれも答えられないだろうとしか思えませんが，数学を学ぶという営為の根源にまっすぐに突き刺さっています．このような問いを立てて語り合ったという一事の中に，新数学人集団というものの鋭敏な感受性がよく現れているように思います．「それが現代数学の特徴だ」と応じればそれまでですが，直面する困難はまさしくその現代数学の全体的な性格に由来するのではないかというのが，有志たちの考えです．19 世紀には個々の具体的な問題が数学のすべてだったのに対し，20 世紀の数学は膨大な体系に支配されています．ヒルベルトは数学をひとつの全体として把握することができた最後の人ですが，そのようなことがどうして可能だったのかといえば，本来の簡単な形の問題にさかのぼり，問題を直接攻撃するという方法を採用したからだというのがヘルマン・ワイルの説明です．

数学では問題が重要であることは今も変りませんが，問題とわれわれの間には抽象的な「理論」があって，そのためにもとの問題はまったく見えないか，少なくともアレンジされています．他方では，「理論」が扱うことのできない多くの問題が忘れ去られているという状況も見られます．アレンジされて提出される問題は，もとの具体的な問題を知っての上ならば，もとの問題から本質的ではない部分が取り除かれていっそう見透しのよい形になっていることがわかりますが，もとの問題を知らないと非常に晦渋です．「何をやっているのかわからない」という嘆きがしばしば聞こえる原因はそこにあるのではないかという所見を，有志たちは表明しました．数学を学ぶというのはさまざまな「理論」を学ぶことですが，まさにその「理論」が高い壁になって数学の理解を妨げるという，矛盾に満ちた状況にたちまち包み込まれてしまいます．本来の形の問題を知り，それが現代の「理論」といかに結びついているのかを知ることができればよいというのはひとつの理想です．ここにおいて有志たちが提案したのは「協同研究」でした．必ずしも結実の見込まれない苦肉の策ですが，問題提起に重い意味があり，67 年後の今日でも数学に心を寄せる人びとの省察を誘う力を備えています．

66. ローラン・シュヴァルツの回想より
――ヴェイユとブルバキを語る

超関数論で知られるフランスの数学者ローラン・シュヴァルツには晩年になって書かれた自伝があり，邦訳書『闘いの世紀を生きた数学者』(上下2巻，彌永健一訳，シュプリンガー・ジャパン，2006年) が刊行されています．購入後長らく書架にあったままでしたが，最近になって一読する機会があり，あらためて合点するところがありました．それはブルバキのことで，「ブルバキはアンドレ・ヴェイユがドイツに行かなかったら産まれることはなかったと，わたしは思う」(同書，上巻，117頁) という一文が目に入り，第1次の欧州大戦後のフランスとドイツの数学の状況が回想されて強い共感を覚えました．シュヴァルツがエコール・ノルマルに入学したのは1934年．後年，クレルモン=フェランでアンドレ・ヴェイユに会ってはじめてブルバキを知り，第2世代のメンバーになりました．

次に引くのはヴェイユのドイツ行を語るシュヴァルツの言葉です．「彼ら数学者たちは，アンドレ・ヴェイユが，まだ排外主義が激しかった一九二六年からの数年間をライン川の向こうで過ごしたおかげで身に付けたドイツ科学の最後の輝きを知り得たことで有利な位置に立てた．彼の地での数学のレベルの高さに目の眩む思いをしたヴェイユは山ほどの新しいアイディアをフランスに持ち帰ったのである」(同書，上巻，117頁)．「ドイツ科学の最後の輝き」という一語がしみじみと感慨を誘います．ヴェイユがゲッチンゲンに到着したのは1926年11月．エミー・ネーターとエミーを囲むグループを知りました．フランクフルトに移ってジーゲルと親しくなり，デーンが主宰する数学史のセミナーに参加しました．パリにもどるときに立ち寄ったミュンヘンでは，多変数関数論の黎明期を開いたハルトークスに会うというひとこまもありました．ドイツの数学は数年を経ずして崩壊し，フランスではブルバキの活動が始まりました．ドイツの数学の伝統がヴェイユひとりを通路としてフランスに移植されてブルバキに変身したと，シュヴァルツは言いたいのでしょう．

ブルバキは「構造」を語りました．シュヴァルツは直線上で定義された実数値連続関数 $\varphi(x)$ に対する「二つのコーシーの定理」に例を求めて「構造」を解説しています．$\varphi(x)$ は有界閉区間上で最大値と最小値をとります．これが第1の定理．また，$\varphi(x)$ の値域に二つの数が含まれるとき，それらの中間にあるすべての数も同じ値域に含まれます．これが第2の定理です．第1の定理を支えているのは「有界閉区間はコンパクト」という性質であり，第2の定理には「直線の連結性」が反映しています．コンパクトであることと連結であること．「それぞれの定理は，直線の構造の中で，互いに全く異なる二つの構造に対応」(同上，252頁) しているとシュヴァルツは指摘して，「数多い様々な構造の違いを明らかにしたことは，ブルバキによって初めてなされたことの一つである」(同上) と言い添えました．「各構造はそれが満たす公理によって完全に特徴付けられる．このような見方に基づいて様々な数学的対象を類別することができる．このような手法を通して，わたしたちはこれまで自らを縛ってきた無意味な規範から自由になることができる」(同上，253頁)．シュヴァルツはこんなふうに次々と言葉を重ね，それから，「わたしは強い満足感に満たされていた」と言うのでした．

位相空間論は退屈な理論ですが，数学の構造理論を語るシュヴァルツの言葉は清新の気にあふれています．今日の数学の黎明期に際会した若い日のシュヴァルツの目には，数学の将来に開かれていく明るい世界が映じていたのでしょう．1935年7月に第1回目のブルバキ会議「創立総会」がもたれてから80年余の歳月が流れました．シュヴァルツの自伝を見て，この間の経緯の回想と省察はすでに数学史の課題なのではないかという感慨に襲われました．

67. 岡潔先生の幻の代数関数論

岩波書店は大正 2 年の創業以来，いろいろな種類の数学講座を刊行してきましたが，一番はじめの岩波講座「数学」は昭和 7 年 11 月の第 1 回配本から昭和 10 年 8 月の最終回まで，30 回にわたって配本が重ねられて完結しました．高木貞治先生の監修のもと，当時の日本の数学者たちの総力が結集された作品で，日本の近代数学史を語るうえでも貴重な文献です．高木先生の著作『解析概論』と『代数的整数論』の初出もこの講座でした．編集主任は『零の発見』の著者として知られる吉田洋一と，『数学と数学史』の著者の末綱恕一．吉田先生は留学先のパリで岡潔先生と出会い，親しい友になった北大の数学者です．

この講座には「代数函数論」の項目があり，最終巻の第 30 回配本に収録されています．執筆者は東大の竹内端三先生ですが，当初の企画では岡潔先生が書くことになっていました．昭和 7 年 7 月末，札幌在住の中谷宇吉郎先生から岡先生のもとに来信 (26 日付) があり，吉田，中谷両先生の斡旋により執筆の話がもちこまれました．岡先生は逡巡の末，ともかく引き受けたものの，おりしも多変数関数論研究に新構想が芽生えつつある時期に際会したため，ついに執筆にいたりませんでした．提示された原稿料は 500 円．特製の原稿用紙も届けられていたのですが，ある日，岡先生は岩波書店に電報を打って執筆を断りました．その時期は昭和 10 年の年初です．

岩波講座「数学」の月報第 27 号 (第 27 回配本の附録) に「著者変更に就て」という記事が出て，「代数函数論の著者は岡潔氏となつて居りましたが種々の都合から竹内端三先生に御骨折願ふ事になりました」と，執筆者変更の事実が伝えられました．第 27 回配本は昭和 10 年 2 月ですから，岡先生が電報を打って執筆を断ったのは昭和 10 年の 1 月か 2 月のことであることがわかります．ハルトークスの逆問題の解決に向けて，日付入りの研究ノートを書き始めた時期とぴったり重なります．

月報第30号（昭和10年8月発行）には竹内先生のエッセイ「代数函数論の参考書」が掲載されていますが，書き出しのあたりに著者変更に関連する諸事情が語られています．

〈本講座の完結も最早二三ヶ月の後と楽しんで居た今年の二月末頃，編輯部の方が訪ねて来られて種々の事情で小生に代数函数論を担当して貰ひたいとの御話であつた．あまり押詰つて突然の事であるし，それに三月は卒業試験や入学試験で中々忙がしくもあるので実は御断りしたかつたが，一方から考へると代数函数論のやうな大きな項目が脱けてしまつては本講座の欠点ともなるわけで編集子の御苦心の程も察せられる所から，一寸柄になく義侠心（の様なもの）を起して御引受することにした．〉

同じ月報第30号には「本講座完結に際しての御報告」という記事があり，そこに「代数函数論は岡潔氏になつて居りましたがこれは同氏の御都合により既に予告致しました通り竹内先生に御執筆戴きました」と経過が報告されています．続いて「それに就き岡氏から読者諸君へ左の御伝言が有りました」として，岡先生のお詫びの言葉が出ています．

〈小生執筆を御引受けしました代数函数論の原稿を書いて居る途中に健康を害し当々締切までに御約束を果す事が出来ませんでした．読者諸賢に対し誠に失礼致しました点深く御詫び申します．岡潔〉

岡先生がリーマンを語る機会はこうして失われ、講座「数学」の最大の痛恨事になりました．

V. 日本の近代数学

68. 岩田好算と寺尾壽

17 世紀のはじめ，デカルトは古代ギリシアの数学の諸相を伝えるパップスの著作『数学集録』を読みました．難解な作図問題がいくつも並び,「パップスの問題」のようにおもしろくて奇抜なアイデアが持ち出されてみごとに解けたものもあれば,「3 線・4 線の軌跡問題」のように，答は円錐曲線であろうと予測されながら証明にいたらなかったものもありました．そのありさまを目の当りにしたデカルトは代数を基礎とする簡明で普遍的な解法を提案し，あれこれの難問を易々と解いて見せました．問題解決の場において代数が発揮する力の強大さをまざまざと示す出来事であり，このデカルトの精神は今日の数学にもそのまま生きています．

明治のはじめ，19 世紀後半期の日本でもよく似た出来事が起りました．パップスに相当するのは岩田好算(いわたこうさん)という老和算家，デカルトに比せられるのは新進の天文学者寺尾壽(てらおひさし)です．『東京数学会社雑誌』第 1 巻 (明治 10 年，1877 年) に掲載された記事に，岩田の卓越した力量の一端が現れています．

『今有如圖以両挟橢圓容量元亨利貞四圓只云元圓径若干亨圓径若干利円径若干問得貞圓径術如何』と岩田は問題を提示しました (図参照)．

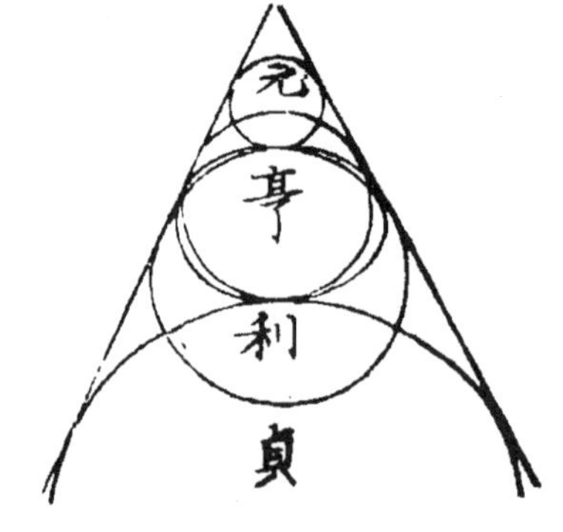

平面上に二本の斜線が引かれていて，それらに楕円が接触しています．4 個の円を描き，それぞれ元(げん)，亨(こう)，利(り)，貞(てい)と命名します．どの円も 2 本の斜線に接していますが，これに加えて元と貞は楕円に外接し，亨と利は楕円に内接

しています．このような状況を設定したうえで，元亨利三円の直径は既知として，「得貞圓径術如何」（貞円の直径を求める方法はどうか）と岩田は問い掛けました．

問題の姿形がいかにもおもしろく，図を一瞥するだけでも興趣をそそられますが，実にたいへんな難問で，「此解義ハ元治元年八月ヨリ慶應二年五月ニ至リ漸ク大成ス紙筆ヲ費ス事少カラス」と岩田は苦心の日々を回想しました．元治元年（1864 年）8 月から慶應 2 年（1866 年）5 月まで，2 年の歳月をかけて解を得て，東京数学会社設立を機に公表したのですが，その際，「紙数五十二枚此解ヲ縦覧セントスルモノハ本社来ル可シ」（52 枚に及ぶ解を見たいものは東京数学会社を訪問せよ）と言い添えました．発見の喜びに溢れる心情が躍如とし，52 枚という大量の紙片が，和算の総力を挙げた苦闘の跡をありありと物語っています．

明治 18 年（1885 年），『東京数学物理学会記事』第 1 巻に寺尾壽の論説「岩田好算翁ノ問題の別解並ニ敷衍」が掲載されました．寺尾はこのとき数えて 31 歳．パリで天文学を学んで帰国して，東京帝国大学教授に就任しました．岩田の問題を一般的な視点から把握して解いたのですが，その解法の鍵を握るのはデカルトが提案した代数の知識でした．楕円や円を方程式で表し，「接する」という条件を数式で書き表していけばおのずと解けてしまいます．

西欧近代の代数の力は「問題を解く」という一点において岩田の和算を軽々と凌駕しましたが，岩田は寺尾の解法を決して諒としなかったでしょう．なぜなら代数を駆使するのであれば寺尾を俟たずともだれにでもできることですし，そこには発見の喜びが伴わないからです．普遍性も一般性もなく岩田ひとりの創意が充満するばかりの解法にこそ，数学の神秘感はかえって深々とたたえられています．

69. 和算史研究のはじまり

日本の江戸期の数学を象徴する人物として，だれもが真っ先に指を屈するのは関孝和です．関は人生の輪郭が必ずしも明瞭ではない人で，生年も諸説が入り乱れてはっきりしないのですが，没年は宝永5年（1708年）10月24日と見るのが定説になっています．旧暦，すなわち明治5年12月2日まで使われていた天保暦の10月24日は，現在行われているグレゴリオ暦では12月5日にあたりますので，明治40年12月5日（陰暦10月24日），関の200年忌を記念して，東京数学物理学会が主催して「本朝数学通俗講談会」が開催されました．会場は東京高等商業学校大講堂．午後6時，開講．午後9時半，閉会．座長は藤澤利喜太郎．講演は林鶴一の「関孝和先生の事蹟に就て」，狩野亨吉の「記憶すべき関流の数学家」，それに菊池大麓の「本朝数学に就て」の三つ．1000有余名の聴衆が参集するという大盛会になりました．翌明治41年，『本朝数學通俗講演集：関孝和先生二百年忌記念』が刊行され，講演記録が収録されました．

菊池大麓は蘭学の家に生まれ，洋行先のイギリスで西欧近代の数学を学んだ人で，東京大学の初代の数学教授です．和算とはまったく無縁で，和算といえば算盤（そろばん）のことと思っていたというくらいですが，「本朝数学に就て」には菊池の認識を大きく変える出来事が回想されていて心を惹かれます．

東京数学物理学会は現在の日本数学会と日本物理学会の前身ですが，そのまた前身は東京数学会社で，明治10年5月，西南戦争のさなかに117名の数学者が結集して創設されました．菊池の回想によると，この年の秋の東京数学会社のはじめての会合に岩田好算（いわたこうさん）という老和算家が，和算の一問題とその解答が書き記された一篇の草稿を携えて出席しました．岩田は江戸の生まれで，生年は文化9年（1812年）ですから，明治10年の時点で数えて66歳．師匠は高久守静と同じく関流の馬場錦江です．菊池はといえば，安政2年（1855年）の生まれですから，岩田と出会ったときはまだ数えて23歳にすぎない若者でした．

岩田の草稿にはこんな問題が記されていました．

〈平面上に2本の相交わる直線と，それらに接する楕円を描き，さらにその楕円および2直線に接する4個の円を描く．2個の円は楕円に外接し，他の2個の円は内接する．このとき，3個の円の直径を既知として，残る円の直径を求めよ．〉

岩田はこの難問に元治元年（1864年）8月から取り組み始め，慶応2年（1866年）5月に至り，丸2年弱の歳月の後にようやく解決することができました．

解答が綴られた52枚もの半紙を目の当たりにして菊池は驚愕しました．実にたいへんなもので，岩田先生は非常な苦心と非常な勉強をもってこういうことを研究したのである．かくのごとき学問が日本にあるものかと思い，和算というものは，これはなかなかえらいものだと痛感し，いったいどのようなものなのか，機会があったらどうかして知りたいものだという考えを起しました．そのためには和算書を集めておかなければならない．今のうちに集めておかなければ，古い数学の書物はついになくなってしまうだろうと心配したのですが，ここはやはり東京大学なり，帝国学士院なり，あるいはまた図書館なりに集めるのがよいのではないかという考えに傾きました．これが日本における和算史研究のはじまりです．

岩田の問題と岩田の情熱は両々相俟って菊池の心を打ち，日本の学問に目を開かせる力がありました．

70. 和なりや洋なりや

明治維新の成立を受けて日本にも西欧風の大学が設立され，菊地大麓や藤澤利喜太郎のような西欧近代の数学を学んだ数学者が現れ始めましたが，江戸期以来の和算の伝統も依然として継続し，多くの和算家が生きて生活していました．ただし，これから新たに和算を学ぼうと志す若者はさすがに激減したようで，和算を教えることによって生計をたてるのもむずかしい状況でした．新時代に入り，和算家たちも否応なしに態度の決定を迫られたのでした．

和算家たちは洋算を頭から無視したわけではなく，大量に入ってくるヨーロッパの数学書に触れて，洋算のいかなるものかを各人各様の仕方で認識しましたが，評価はさまざまに分れました．洋算を低く見て和算の優位を確信する人もいましたし，金沢の関口開（せきぐちひらき）のように洋算の精妙さに感激して苦心を重ねて修得につとめた人もいました．やがて明治期の成熟に伴って和算の姿は次第に視界から消えていきました．和算と和算家たちはどこに行ったのでしょうか．

和算の優位性を確信した和算家の例として，高久守静（たかくもりしず）．1821–1883）という人を紹介したいと思います．明治の数学誌「数学報知」の第6号(明治23年）に高久の自筆の「小学校教員勤務履歴」が掲載されていて，明治5年の学制すなわち学校制度公布前後の日本の数学教育事情が描かれています．履歴書の日付は明治10年1月10日です．

学制公布により小学校の教科が定められたとき，日本には日本の数学の伝統がありましたので，和洋いずれを採るべきかという議論が起こりました．文部省の方針も揺れたのですが，和算採用に傾いた時期があり，高久に教科書の作成が依頼されました．学制公布は明治5年8月．高久の「小学校教員勤務履歴」

によると前年，すなわち明治4年の11月に文部省の学校係員の吉川孝友に文部省に招かれました．このたびの小学校創設に際し，数学の教員が足りない．給料もわずかに月8円しか出せないが，奉職していただけないかと吉川が依頼しました．そこで高久が「其算ハ和ナリヤ洋ナリヤ」(その数学は和算と洋算のどちらなのですか）と応じると，吉川は「和算ナリ」と明快に答えました．それなら喜んで引き受ける．給料の多寡は問題ではないと高久．こうして高久は東京府仮小学第三校(学制発布後，吉井学校）の教師になりました．東京には学制発布前に試験的に設立された小学校が6校ありました．

「和ナリヤ洋ナリヤ」．和算が消滅と存続の分かれ道にさしかかったときに発せられた気迫のこもった発言のおかげで，和算消滅の最初の危機は免れました．

年が明けて明治5年のはじめ，高久は再び文部省の小学掛の諸葛信澄に招かれて，小学校で使う数学教科書の作成を依頼されました．これを受けて，同年5月，問題5巻，答式5巻のテキスト『数学書』が完成し，印刷されて全国の小学校に頒布され，7月，高久は金10円を賜わりました．ところがそれから一箇月．事態は急変し，明治5年8月3日にいよいよ学制が発布されると，下等小学校の教科「算術」では「九々数位加減乗除」を教えることと定められ，そこに「但洋法ヲ用フ(ただし洋算の方法を用いる)」と書き添えられていました．一箇月の間に洋算派が巻き返し，和算は衰退するほかのない運命に陥りました．

高久は独自に洋算を修得して小学校で教えていましたが，明治10年，弊履(へいり)のように和算を捨てて顧みず，ひたすら洋算に傾斜して行く趨勢に抗議して辞表を提出し，市井に埋もれて6年後に亡くなりました．和算250年の伝統はこうして終焉しました．

71. 木の葉文典

東京開成学校の本科と予科が分裂し，本科と東京医学校が合併して東京大学が設立されたのは明治 10 年 (1867 年) 4 月 12 日のことでした．この一番はじめの東大は今の東大と同じ学部制で，法医文理の 4 学部が設置され，理学部には「数学物理学及び星学科」がありました．理学部教授に任命されて数学を担当したのは，明治 10 年 6 月に足掛け 8 年に及ぶイギリス遊学を終えて帰朝したばかりの菊地大麓でした．菊池は満 22 歳．大学に所属する最初の数学者でした．

菊池は安政 2 年 (1855 年) 1 月 29 日，津山藩士の箕作秋坪(みつくりしゅうへい)の次男として江戸天神下 (現在の新宿区喜久井町) の津山藩松平家の下屋敷に生まれました．父は養子で，「菊池」は父の実家の姓です．父秋坪も祖父阮甫(げんぽ)も高名な蘭学者でした．

文久元年 (1861 年) 正月，大麓少年は，徳川幕府が洋学研究のために開設した蕃書調所(ばんしょしらべしょ)に入学し，英語の修業を始めました．虻蜂蜻蛉(あぶはちとんぼ)という子供の髪型 (真ん中の髷の外に前後左右に丁髷が配置されています) で，麻の裃(かみしも)に両刀を帯びて通学しました．嘉永 4 年に土佐の漁師のジョン万次郎こと中浜万次郎が帰国した際，持ち帰った 14 冊の英奮の中に “The Elementary Catechisms. English Grammar (問答式英文法入門) ” という本があり，これを翻刻した『英吉利文典』が蕃書調所のテキストになりました．見るからにお粗末な小冊子でしたので，だれからともなくたわむれに『木の葉文典』と呼ばれるようになりました．

『木の葉文典』は「Q&A 形式」になっていました．これは菊地

が挙げた一例ですが,「移り行く動詞とは何ですか」という質問に対する答は,

> 移り行く動詞」は動詞, 其れの働が名詞其れは其れに先きだつ所の名詞から, もの其れは其れに従ふところのものにまで移り行く所の動詞である.

というのです「移り行く動詞」というのは見慣れない用語ですが, 原語の transitive verb を直訳したもので, 他動詞のことです. 原文を挙げておきます.

> Q What is a transitive verb?
> A A transitive verb is a verb, the action of which passes over from the noun or pronoun which preceds to that follows it.

こんな調子で一語一語に訳をつけ.「事その事が」というふうに返って読みました. いかにも変則で, 漢文を書き下して読むような流儀で読んだのでしょう. 意味はよく通じますし.「他動詞」より「移り行く動詞」のほうが意にかなっているように思います. 発音はどうかというと, vegetables はヘゲタブレス. United States はユニテド, スタテスという調子で, まことに乱暴でした. 従来 success は平然とシュッセッスと読んで怪しみませんでしたが, 菊池のいとこの箕作麟祥(みつくりりんしょう)がウェブスターの辞典などを調べ, シュクセッスと読むべきだと主張したところ, 一大発見として大いに感嘆されたという時代でした.

慶應2年10月, 幕府が幕臣の子弟14名の留学生をイギリスに派遣したとき, 満11歳の大麓少年も混じっていました. これを初回として, 維新後, 菊池はまたイギリスに留学し, ケンブリッジ大学で数学を学びました. これが, 日本の大学でまずはじめにイギリスの数学が教えられることになった理由です. 日本の近代数学の源流のそのまた根源には『木の葉文典』が控えています.

72. コニク・セクションス

西田幾多郎先生は大正から昭和前期にかけての高校生たちのベストセラー『善の研究』の著者として広く知られていますが，その西田先生に『コニク・セクションス』というエッセイがあります．コニクは円錐，セクションスは「切断」の意ですから，コニク・セクションスは円錐を平面で切る際に切り口に出現する曲線，すなわち円錐曲線を意味します．岩波書店の PR 誌「図書」の昭和 14 年 3 月号に掲載された短篇で，1870 年 6 月 17 日（明治 3 年 5 月 19 日）に石川県河北郡宇ノ気町（現在のかほく市）に生れた西田先生は，満年齢で数えるとこのとき 68 歳．すでに京都帝大を退官し，夏冬を鎌倉で，春秋を京都で自適の日々をすごしていました．

人生を生きるとはいかなることかと思索した哲学の西田先生がどうして円錐曲線を語ろうとしたのかというと，西田先生には数学と哲学の間で志が揺れた若い日があったからでした．「金沢では，私共の子供の時，関口開という数学の偉い先生があった」と，西田先生は郷里の石川県加賀の国の数学者，関口 開の名を挙げて，「元は和算の先生であったらしいが，明治の始に，全く独学で，トッドハンタの微積分までやった」と解説を加えました．関口先生に直接教わる機会はなかったのですが，郷里の新化小学校を卒業した後に関口先生に師事した石田古周について学び，後年，金沢に出た時期には関口門下の四高弟のひとりに数えられた上山小三郎に学びました．上山の塾では「Z 項」の発見で知られる天文学の木村栄と同門で，授業が始まる前に二階で二人して関口先生が編纂した『幾何初学例題』所収の問題に頭をひねることもありました．

「トッドハンタ」というのはイギリスの数学者アイザック・トドハンターのことで，今では知る人もありませんが，日本の近代の黎明期には非常に人気がありました．西田先生の幼少時には代数でも幾何でもなんでも関口先生が編纂した問題集で勉強したものですが，そのうちトドハンターの訳書の時代になりました．西田先生は「明治十何年という時代には，数学の書と云えば，すべてトッドハンタのものであったと思う」と述べて，しかも「それが皆長澤亀之助という人と川北何とかいう人の訳であった」と言い添えました．「川北何とか」というのは和算家の川北朝鄰（かわきたともちか）のことで，ざっと概観すると明治14年から17年あたりにかけて長澤亀之助の翻訳，川北朝鄰の校閲という体裁をとって『微分学』『積分学』『代数学』『平面三角法』『球面三角法』『宥克立（ユークリッド）』『論理方程式』などが相次いで出版されています．西田先生の言葉のとおりです．

Isaac Todhunter (1820–1884)

あるとき西田少年はトドハンターの『コニク・セクションス』を手に入れました．明治14年7月に出版された『軸式円錐曲線法』という訳本ですが，この本に限って訳者は長澤ではなく，上野清という人です．原著作は“A Treatise on Plane Co-Ordinate Geometry as Applied to the Straight Line and the Conic Sections”．種々の幾何学的図形が代数方程式で表され，いろいろな曲線がすべて2次方程式の曲線として考えられ，幾何学的にはなかなかむずかしい複雑な問題も方程式を立てることにより簡単に解けてしまうありさまを目の当たりにして，理論というもののおもしろさを感じて深い興味をそそられました．「今でも，どの室で，どういう様にして読んだのかと云うことが思い出されるのである」というのですから，よほど感銘を受けたのでしょう．日本の近代数学のはじまりのころの消息を伝える懐かしいエピソードです．

73. 関口開の上京と帰郷

西田幾多郎先生はトドハンターの著作の邦訳書『コニク・セクションス』を手した若い日をなつかしく回想し，同郷の大先輩の関口開先生がトドハンターの著作の翻訳を試みて微分積分にまで及んだことを語りました．ところが実際に世に行われていたトドハンターの邦訳書は関口先生の手になるものではなく，ほぼすべて長澤亀之助の翻訳，川北朝鄰の校閲という形をとっていました．どうしてなのだろうと，いくぶん不可解な思いを禁じえないところですが，背景には関口先生の上京と帰郷にまつわる小さなエピソードが広がっています．

関口先生は滝川流の和算の免許皆伝を受けた人ですが，幕末の加賀藩が軍備の洋式化を企図して創設した軍艦所で洋算の一端に触れ，あまりの精緻さにすっかり心を奪われて洋算の研究に打ち込むようになりました．ほとんど独学で英語を修得し，洋算書の翻訳にたいへんな苦心を払いました．その成果は金沢市の石川県立図書館の「関口文庫」におさめられています．閲覧を申し出たところ，運ばれてきたのはあまりにもささやかな木箱でした．上中下三段に区切られていて，上段には 7 巻 14 冊，中段には 9 巻 16 冊，下段には 10 巻 16 冊，合わせて 26 巻，46 冊の文字通りの小冊子が詰め込まれていました．このときの驚きと感動は忘れられません．木箱の裏側に作品リストが記入され，門人の田中鉄吉(おのきち)の言葉が添えられています．

> 以上は明治初年の頃より僅々十数年間に先生刻苦独学努力せられたる遺著にして稿本は悉く先生の自筆自装なり　大正八年十二月　石川県図書館に寄附に際し　門人　田中鉄吉

関口文庫には，『弧三角』『答氏　弧三角術抄訳』『答氏　微分術』『答氏平三角術抄訳』『答氏　幾何学』『答氏　積分術』『代数学 (第 2 編)』『代数学 (第 3 編)』『答氏　円錐形載断術』『答氏

幾何学活用例』と，トドハンターの著作の翻訳書がたくさん収録されています．「答氏」は「答毒翻多」で，トドハンターのことです．このうち刊行されたのはわずかに『代数学（第 2 編）』上下 2 冊のうちの上巻のみで，『答氏　円錐形截断術』は西田先生が語った『コニク・セクションス』の翻訳書ですが，これも刊行にいたりませんでした．

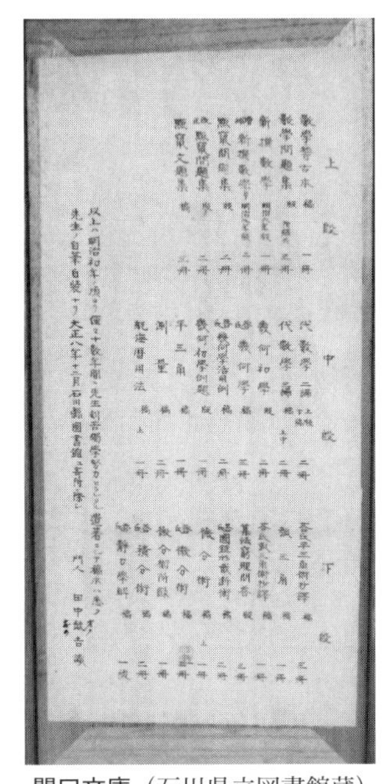

関口文庫（石川県立図書館蔵）

明治 13 年の年末 12 月，満 38 歳の関口先生に上京する機会が訪れました．在京の川北朝鄰が洋算書の翻訳出版の意図を抱き，東京数理書院という出版社の立ち上げを計画して広く同学の士の集結を求めたところ，東京在住の神田孝平，赤松則良，近藤真琴，荒井郁之助，岡本則録（のりぶみ），西京の藤井最証（さいしょう），安井章八など，全国各地の和洋の数学者たちが賛意を表しました．関口先生もそのひとりでした．トドハンターの翻訳に肝胆を砕いて 10 年余．彫心鏤骨の成稿の数々を数理書院から刊行したいという願いを胸に上京したのですが，川北は川北で同じトドハンターを重く見て，上野清や長澤亀之助のような翻訳担当者もすでに選定ずみでした．詳しい消息は不明ですが，関口先生の願いはかなえられず，失意の裡に帰郷するという成り行きになりました．生涯でただ一度の上京でした．

明治 17 年 3 月末，関口先生は病気が重くなり，短い療養生活の後，4 月 12 日に石川県金沢市堅町（たてまち）の自宅で亡くなりました．病名は腸チフス．戒名は「開校院勤学指道居士」．満 41 歳でした．刻苦精励の果実は小さな厨子におさまって，今も郷土金沢の図書館に保管されています．日本のたいせつな宝物であり，永く金沢の誇りです．

74. 明治 35 年の高等学校入試問題より

明治 10 年は年初の 2 月に西南戦争が始まった年ですが，日本の近代数学にとっても重要な出来事が相次いだ一年でもありました．東京大学が創設されたのはこの年の 4 月．5 月には足掛け 8 年のイギリス留学を終えて菊池大麓が帰国し，翌 6 月，東京大学理学部教授に就任しています．菊池は満 22 歳．蘭学の家に生れ，西欧近代の数学を現地で学び，日本にただひとつの大学でイギリス仕込みの数学の講義を始めました．神田孝平の呼びかけにより東京数学会社が設立されたのもこの年で，秋になって日本の各地から数学者たちが東京に結集するという出来事がありました．みな九州の戦乱とは無関係に進行したことばかりです．

東京数学会社に参加した数学者たちはたいてい和算家でしたが，その中に江戸生れの老和算家岩田好算という人がいました．岩田翁は和算の一問題の解決に 2 年の歳月をかけ，52 枚の紙片に苦心の解答を綴り，それを東京数学会社の会合の席で菊池大麓に示しました．菊池は後年のエッセイで，日本にも数学らしいものが存在していたことを知って驚愕したと，当時の心情を伝えています．明治 10 年の秋のことで，この時点ではまだ和算家は健在でした．岩田翁は西欧の数学の一端を知らないことはなかったろうと思いますが，伝統の和算の力に信頼を寄せていた模様です．金沢の関口開は関流の和算の免許皆伝に達した人ですが，洋算に魅せられてほとんど独学で西欧の数学と英語を学び，トドハンターなど英米系の数学者の著作の翻訳に打ち込みました．金沢の県立図書館に「関口文庫」が保管されていて，小さな厨子のような箱に 46 冊に及ぶ著作と訳書がぎっしり詰め込まれています．代数も幾何も微積分もあり，彫心鏤骨の作品が並び，和算から洋算に移り行こうとする過渡期の姿が示されています.

最近，明治 35 年 7 月に行われた高等学校の入学試験問題を閲覧する機会がありました．数学の試験時間は 3 時間．算術 2 問，代数 2 問，三角法 2 問，幾何 2 問．（旧制度の）中学校で学ぶ程度の 8 題の問題が並んでいます.

算術

(1) 円周率 3.14159 を $\frac{22}{7}$ として算すれば半径 120 尺の円周に於ける誤差幾寸なるか.

(2) 矩形の地面あり．其長さを百弐拾間，広さ八十四間ありと云ふ．今其四隅及周囲に桜樹若干を植えんに樹と樹との間隔を等しくして成るべく濶くせんとす．桜樹幾本を要するか.

代数

(1) $8, a, b$ が等差級数をなし，$a, b, 36$ が等比級数をなすとき，a, b の値を求む.

(2) $\left(x+\frac{1}{x}\right)^8$ の展開中 x^2 を含む項を求む.

三角法

(1) $\cos x+\cos 3x+\cos 5x+\cos 7x$
を積の形に変ぜよ.

(2) $\log_{10} 2 = 0.30103$, $\log_{10} 3 = 0.47712$ を与へて $\log_{10} \operatorname{cosec} 45°$, $\log_{10} \cos 30°$, $\log_{10} 5 \tan 60°$ を計算せよ.

幾何

(1) 円内の一定点を通過して与えられたる長さの弦を引け.

(2) 三面角の三稜より等距離なる点の軌跡を求む.

幾何の 2 番は球面三角法の問題で，今は教えられていませんが，他の問題は等差数列，等比数列，2 項展開，三角関数と対数関数と続き，今日の数学と異なるところはありません．明治 10 年からわずかに四半世紀がすぎて，日本の数学はある種の安定に達した様子がうかがわれ，感慨を覚えたことでした.

75. 藤澤利喜太郎の生地と生誕日の謎

東京大学の二人目の数学教授藤澤利喜太郎先生の父は藤澤親之という人で，徳川幕府の御家人でした．蘭学を学び，オランダ語ができましたので，幕末，日米修好通商条約の締結による新潟開港にともなって通訳として新潟に赴任しました．それで藤澤先生の生地は新潟とするのが通説になっているのですが，多少の疑問の余地がないわけではありません．

『藤澤利喜太郎遺文集』(上下2巻) の下巻の51頁に経歴が略記されています．洋行先のストラスブルク大学で学位を取得した際に提出した学位論文の末尾に記された経歴の再録で，そこにドイツ語で *Ich, Rikitaro Fudzisawa, bin geboren am* 9. *September* 1861 *zu Niigata in Japan*, …(私，藤澤利喜太郎は1861年9月9日に日本の新潟に生れた.) と明記されています．西暦1861年は文久元年です．自分で書いたのですから信憑性はいかにも高く，これが今日の通説の根拠です．

ところが，最近になって松川為訓先生の論文「藤澤利喜太郎 ── 博士の大学在学中の学習内容をみる ──」(研究紀要，第13集，大東文化大学第一高等学校，昭和52年) を見る機会があり，一読して目を開かれました．松川先生が藤澤先生を父にもつ人物から聞いた話によると，藤澤先生の生地は江戸小石川で，現在の文京区安藤坂の附近ということです．父の親之が新潟にいたという点は通説と一致しています．江戸で幼児期をすごし，7，8歳のころ，母のちよさんに連れられて新潟に向かい，それから明治4，5年ころ，父とともに東京にもどりました．こんな話をしたうえで，「自分の父ですから間違いありません．利喜太郎は，現在の文京区安藤坂の附近の家で生れたと聞いています」と言い添えたというのですが，その人は，この話を祖母，すなわち藤澤先生の母のちよさんから聞いたということですから，藤沢家で語り伝えられてきた話なのでしょう．

藤澤先生本人による記録と藤澤家の伝承が大きく乖離しているのですが，松川先生は藤澤先生の自筆と思われる書き込み入りの履歴書を見たことがある由で，そこには「生年月日は文久元年9月9日ではなく，文久元年4月8日が正しい」と記されているというのです．これに触発されて平凡社の『人名大事典』(昭和54 年7月10日，発行．昭和13年3 月5日に刊行された『新撰大人名辞典』の覆刻版）の藤澤先生の項目を参照すると，「文久元年四月佐渡に生る」(覆刻版第5巻，339頁）という記事に出会いました．藤澤先生が亡くなられたのは昭和8年12月23日ですから，没後遠くないころの記事ですし，何かしら藤澤先生に由来する根拠に基づいて書かれたと見てしかるべきところです．

生年は文久元年でよいとして，生地は江戸と佐渡，生誕日は9月9日と4月8日のどちらなのでしょうか．藤澤先生のような知名度の高い人の経歴にしてこんなふうですし，歴史の再現は至難であることをあらためて思い知らされた出来事でした．

(追記)

最近，藤澤先生の自筆の『要用記事』を見る機会がありました．そこに，「区役所ノ帳簿ニハ如何ナル間違ニヤ四月八日生ルトアリ．訂正上諸手続ノ繁ヲ避ケンガ為メ其侭ニナシ置ケリ」と記されています．これで誕生日は9月9日と定まりました．また，9月9日は新暦の日付で，旧暦では8月5日になります．おそらく「区役所ノ帳簿」には生地は佐渡と記されていて，それが人名辞典の根拠になっているのであろうと思われます．藤澤先生は生地については何も触れていません．そこで生地は佐渡と見てよいのではないかというのが現在の時点での判断です．

76. 河合十太郎先生の洋行

京都大学数学科の創設者となった河合十太郎先生は日本の近代数学史を語るうえで不可欠の人物ですが，著作も論文もなく，わずかに目にすることができたのは 1 篇の論説「中等教育及び高等普通教育に於ける数学」(大正 11 年) にすぎません．おおまかに経歴をたどると，加賀国金沢に生れたのが慶應元年 5 月 10 日 (1865 年 6 月 3 日)．石川県中学師範学校で関口開先生に学び，上京して苦学を重ね，明治 22 年 7 月，帝国大学理科大学数学科を卒業しました．それから京都に移り，明治 33 年 6 月 12 日付で「数学研究ノ為満二年独国へ留学ヲ命ス」という辞令を受けました．このとき満 35 歳で京大助教授でした．

さてここからが問題なのですが，実際に出発したのはいつなのでしょうか．官報に記載されている留学生出発の記事を探索してもなかなか見つからず，大いに困惑しました．そこで同じ日に留学の辞令を受けた人の事例を調べたところ，夏目金之助 (漱石) は 3 箇月後の 9 月 10 日に出発していますし，瀧廉太郎の出発は実に 9 箇月後の翌年 3 月 28 日であることに気づきました．これに励まされてあらためて官報を閲覧したところ，河合先生の出発は辞令の発令から 8 箇月後の明治 34 年 2 月 12 日と判明しました．辞令の発令から実際の出発までにこれほどの隔たりがあるとは思いもよらないことで，まったく意外な事実でした．

肝心の留学先も不明瞭で，『日本の数学 100 年史』にベルリンと記されているのが唯一の情報だったのですが，実は瀧廉太郎と同じライプチヒで，1901–1902 年の冬学期から 1902–1903 年の冬学期まで聴講を続けたことが判明しました．ところが，河合先生を祖父にもつ河合良一郎先生のお話によると，河合先生は留学中にフェリックス・クラインとハインリッヒ・ウェーバーの講義を聴いたとのこと．わけてもウェーバーにはよほど感銘を受けたようで，著作『代数学』を購入して持ち帰ったほどでした．それと，フレドホルムの積分方程式論を知って大きな関心を寄せて自発的に勉強し，帰国後，京大で講義を続けたとい

1902年7月6日　ライプチヒにて
前列左から二人目　瀧廉太郎
後列右から3人目　河合十太郎先生
（大分市歴史資料館蔵）

うのでした．非常に具体的で疑いをはさむ余地はありませんが，他方，1900年前後のライプチヒ大学の数学者というと，ヴィルヘルム・シュライブナー，オットー・ヘルダー，アドルフ・マイアー，カール・ローン，フリードリヒ・エンゲル，カール・ノイマンという顔ぶれです．クラインもウェーバーもいませんし，フレドホルムの積分方程式論も感知されないために困惑させられてしまうのですが，日本郵船の船で日本からヨーロッパまでおよそ40日．3月末にドイツに到着したとして，ライプチヒの冬学期が始まる10月までの半年の間にはベルリンはもとより，ヒルベルトとクラインのいるゲッチンゲンやウェーバーのいるストラスブルクにも足をのばしたであろうとも考えられるところです．ヒルベルトがフレドホルムの積分方程式論を知ったのはおりしも河合先生のドイツ到着の直前の1900-01年の冬学期のことでした．

河合先生のフレドホルムの積分方程式論の講義は大正14年の退官にいたるまで続けられました．聴講した学生の中に岡潔先生がいて，後年，「関数の第2種融合法」という難問の鍵をフレドホルムの積分方程式論の中に見出して，これでようやくハルトークスの逆問題の解決に成功しました．岡先生は十太郎先生に深く感謝する心情を持ち続け、「この御恩をいつかお返ししたい」とつねづね良一郎先生に語っていたということです．

77. 新数学人集団の時代

高木貞治先生が大阪帝国大学理学部数学教室で「過渡期の数学」という題目を立てて一場の講演を試みたのは，二つの世界大戦の端境期の昭和 9 年 11 月 5 日のことでした．明治 8 年 4 月 21 日に岐阜県大野郡数屋村に生れた高木先生はこのとき満 59 歳．定年に伴う退官の日まで 1 年余りの日々を残し，勤務先の東京帝大では岩波講座「数学」に連載中の原稿を手に，「解析概論」の講義を続けている時期にあたります．われわれは今まさに西欧近代 400 年の数学史の過渡期の渦中にいるのだというのが高木先生の認識で，その証拠はわたしを見ればわかる，なぜならちょっと怠けるとすぐにわからなくなるからとおもしろい冗談を理由に挙げて，現在は数学の姿が滔々と抽象に向かっている変革期であると指摘しました．掛谷宗一先生などはこれを嫌い，ついこの間までそうだったように具体的な数学にもどってほしいと願っていたようですが，流れを押しとどめることはだれにもできず，第 2 次世界大戦の終結後には数学の世界は隅々まで抽象一色に染まりました．

高木先生の講演「過渡期の数学」と時を同じくして，1930 年代には抽象の時代を象徴する数学者集団ブルバキがパリで結成され，『数学原論』の刊行が始まりましたが，2 度目の世界大戦が終結して 1950 年代に入ると日本でもブルバキに似た動きが見られ，「新数学人集団（しんすうがくじんしゅうだん）」が結成されました．ブルバキがアンドレ・ヴェイユやアンリ・カルタンのようにパリのエコル・ノルマル・シュペリュールの出身者の集まりだったように，新数学人集団の担い手は昭和 20 年代後半期に東京大学の数学科を卒業した若い数学者たちでした．略称は SSS（エスエスエス）．新数学人集団と命名したのは清水建設にゆかりの清水達雄先生で，建築界で昭和 22 年 6 月の時点で新日本建築家集団（NAU）が結成されていたのにヒントを得たのでした．清水先生はまたSSSの団長でもありました．副団長も存在したようで，倉田令二郎先生がその副団長だったと御本人にうかがったことがありますが，団長や副団長という地位が正式に設置されていたのかというとそうでもないようでもあり，愛称というか自称というか，メンバーの間で親しみを込めてなんとなくそのように呼びならわされていただけだったような印象もあります．

ブルバキには「創立同人」と呼ばれるメンバーがいて，ヴェイユ，アンリ・カルタン，クロード・シュヴァレー，ジャン・デュドネ，ジャン・デルサルトの5人が該当します．SSSの淵源を訪ねると若い日の谷山豊さんに出会います．谷山さんの友人に絵描きの宮原勝美という人がいて，都内目黒区高木町に下宿していたのですが，その下宿に谷山さんをはじめ何人かの友人が定期的に集まって勉強会を開いていました．それが発展して「数学方法論研究会（仮称）」が設立されて，第1回目の例会がもたれたのは昭和27年9月24日のことでした．出席者は7名で，立川三郎という人が「仮説検定論」という話をしたと記録されています．第2回例会は10月1日で，この日は銀林浩先生の「超関数」．以下，第3回例会（10月8日）は藤田輝昭という人の「フォッカー・プランクの方程式」，第4回例会（10月24日）は杉浦光夫先生の「量子力学の数学的基礎」と順調に回を重ね，第5回例会（10月30日）の谷山豊さんの「整数論の一断面」，第6回例会（11月5日）の立山三郎さんの「調和解析の歴史」と続き，次の第7回例会では谷山さんの講演「ヴェイユ」が現れて，ここにおいてブルバキとSSSが交叉しました．このような講演題目を一瞥するだけでも，どこまでも抽象に向かう欧米の新時代の数学の潮流を受け止めようとする若い世代の姿がありありと眼前に浮かびます．仮称の数学方法論研究会は第22回例会（昭和28年4月15日）から名前が変り，SSSとなりました．

著者紹介：

高瀬 正仁（たかせ・まさひと）

昭和26年（1951年），群馬県勢多郡東村（現在みどり市）に生れる．数学者・数学史家．
専門は多変数関数論と近代数学史．2009年度日本数学会賞出版賞受賞．

著書：

『リーマンと代数関数論：西欧近代の数学の結節点』．東京大学出版会，2016年．
『古典的名著に学ぶ微積分の基礎』．共立出版，2017年．
『ガウスに学ぶ初等整数論』．東京図書，2017年．
『岡潔先生をめぐる人びと フィールドワークの日々の回想』．現代数学社，2017年．
『発見と創造の数学史：情緒の数学史を求めて』．萬書房，2017年
『数学史のすすめ 原典味読の愉しみ』．日本評論社，2017年．
『オイラーの難問に学ぶ微分方程式』．共立出版，2018年
『双書⑰・大数学者の数学／フェルマ 数と曲線の真理を求めて』．現代数学社，2019年．
『数論のはじまり フェルマからガウスへ』．日本評論社，2019年．
『リーマンに学ぶ複素関数論 1変数複素解析の源流』．現代数学社，2019年．

他多数

数学の文化と進化
——精神の帰郷——

2020年5月20日 初版1刷発行

検印省略

著 者 高瀬正仁
発行者 富田 淳
発行所 株式会社 現代数学社
〒606-8425 京都市左京区鹿ヶ谷西寺ノ前町1
TEL 075（751）0727 FAX 075（744）0906
https://www.gensu.co.jp/

装 幀 中西真一（株式会社CANVAS）
印刷・製本 亜細亜印刷株式会社

ISBN978-4-7687-0533-9